21 世纪高等学校基础工业 CAD/CAM 规划教材

UG NX 8.0 案例教程
——基于工作过程

陆龙福　罗进生　主　编

刘良瑞　鄢　敏　黄常翼　副主编

清华大学出版社

北　京

内 容 简 介

本教材以 Siemens PLM Software 公司的 UG NX 8.0 中文版为例，介绍了建模模块、装配模块和工程图模块三个基本模块的基本操作，内容涵盖了一般工程设计常用的功能。本教材将 CAD 技术基础知识的掌握和 UG NX 8.0 最新软件的应用有机地结合起来，以具体任务作为教学驱动。全书共分 8 个项目：UG NX 8.0 基础知识、UG NX 8.0 基本操作、UG NX 8.0 草图及曲线功能、UG NX 8.0 实体建模、UG NX 8.0 曲面建模、UG NX 8.0 工程图、UG NX 8.0 装配、UG NX 8.0 模具设计。全书由浅入深地阐述了每个任务所涉及的基础理论知识，系统介绍了 UG 软件三维造型设计模块的主要功能和使用方法。

本教材不仅可以作为高等工科院校机械工程类专业本、专科生及研究生的教材，亦可供从事机械设计、数控、模具设计等工程技术人员学习参考，还可作为社会上各种模具短训班以及相关专业技术人员的自学用书，为方便读者学习，本书配套资料中包括了书中出现的所有实例模型的原文件和操作视频，供读者练习和参考。

图书在版编目（CIP）数据

UG NX 8.0 案例教程：基于工作过程/陆龙福，罗进生主编.--北京：清华大学出版社，2012.7
21 世纪高等学校基础工业 CAD/CAM 规划教材
ISBN 978-7-302-28941-8

Ⅰ. ①U… Ⅱ. ①陆… ②罗… Ⅲ. ①计算机辅助设计-应用软件-高等学校-教材 Ⅳ. ①TP391.72

中国版本图书馆 CIP 数据核字（2012）第 110888 号

责任编辑：高买花　薛　阳
封面设计：杨　兮
责任校对：胡伟民
责任印制：杨　艳

出版发行：清华大学出版社
　　　　网　　　址：http://www.tup.com.cn，http://www.wqbook.com
　　　　地　　　址：北京清华大学学研大厦 A 座　　　　邮　　编：100084
　　　　社 总 机：010-62770175　　　　　　　　　　邮　　购：010-62786544
　　　　投稿与读者服务：010-62776969，c-service@tup.tsinghua.edu.cn
　　　　质 量 反 馈：010-62772015，zhiliang@tup.tsinghua.edu.cn
　　　　课 件 下 载：http://www.tup.com.cn，010-62795954
印 装 者：保定市中画美凯印刷有限公司
经　　销：全国新华书店
开　　本：185mm×260mm　　　　印　张：15　　　　字　数：375 千字
版　　次：2012 年 7 月第 1 版　　　　　　印　次：2012 年 7 月第 1 次印刷
印　　数：1～3000
定　　价：25.00 元

产品编号：045452-01

前　　言

UG(Unigraphics)是西门子 UGS PLM 软件开发的 CAD/CAM/CAE 一体化集成软件,汇集了美国航空航天和汽车工业的专业经验。目前,UG 在航空航天、汽车、通用机械、工业设备、医疗器械及其他高科技应用领域的机械设计和模具加工自动化市场上已经得到了广泛的应用。UG NX 8.0 是目前 UG 公司推出的最新版本,较以前的版本,在性能方面有了一定的改善,克服了以前版本中一些不足。此外,UG NX 8.0 和之前的版本相比,新增 HD3D、齿轮设计模块和同步建模技术增强功能,创新、开放性的快速、精确可视化分析解决方案,进一步巩固 NX 以突破性同步建模技术建立的领先地位。UG NX 8.0 融入了各行业需用的各个模块,涵盖了产品设计、工程和制造、结构分析、运动仿真等,为产品从研发到生产的整个过程提供了一个数字化平台,工程师可以通过这个数字化平台使很多烦琐的事变得方便快捷,和传统的研发过程相比,大大缩短了研发周期。

1. 本书内容安排

本书内容安排循序渐进,安排形式为:UG NX 8.0 基础知识→基本操作→草图及曲线功能→实体建模→曲面建模→工程图→装配→模具设计。实例丰富典型,由浅入深,工程实践性强。具体安排如下:

项目 1 和项目 2 介绍了 UG NX 8.0 的基本模块分类、软件的特点、UG NX 8.0 基础操作和工作环境用户化方法及 UG NX 8.0 各菜单中所包含的命令,为以后的学习打下良好的基础。

项目 3 介绍了 UG NX 8.0 基本曲线中的各个命令,如点、直线等,以及特征曲线的创建方法、曲线操作的方法和曲线的编辑方法。还介绍了草图的创建方法、草图的约束方法及草图的操作。

项目 4 介绍了基准特征和基本特征的创建、扫描特征的创建、详细特征的运用和特征操作。

项目 5 介绍了曲面设计的基本概念、自由曲面的创建和自由曲面的编辑。

项目 6 介绍了工程图的参数和预设置、图纸的操作、视图操作和尺寸标注。

项目 7 介绍了装配的基本概念、术语、装配导航器、装配工具栏、装配的配对条件、自底向上和自顶向下的装配方法。

项目 8 介绍了注塑模向导的基本概念、注塑模向导的菜单运用和产品模具创建的一般过程。

2. 本书特点

(1) 本教材根据教育部"十二五规划"教学内容和课程体系改革的总体要求并结合作者多年三维软件造型设计教学、企业亲身经验编写而成。

(2) 本教材按照基于工作过程的课程观进行开发设计,将每一章设计为多个学习任务来讲授,使本课程具有实践性以及开放性等特点。

（3）本教材对每一个任务所涉及的命令进行深度剖析,把完成该任务的思路、方法作为重点进行讲授,这样更有利于读者心领神会,举一反三,而且能够在最短时间内掌握 UG NX 的建模精髓,从而达到事半功倍的效果。对于新的任务,涉及之前的知识点不再简单重复,只做一般讲授,这样既能提高读者的主动性,更能提升潜能。

本书由陆龙福、罗进生任主编,刘良瑞、鄢敏、黄常翼任副主编,毛伟、耿红正、蒙卫庭、郭胜担任参编。其中项目 1～6 由陆龙福编写,其余项目由副主编和编委编写。全书由陆龙福组织编写,并完成统稿和校稿工作。

虽然作者在编写过程中力求叙述准确、完善,但由于水平有限,加之时间紧迫,书中难免存在不妥或疏漏之处,恳请广大读者批评指正。

编　者

2012 年 4 月

目　　录

项目 1　UG NX 8.0 基础知识

UG NX 8.0 是 Unigraphics Solutions 公司(简称 UGS)提供的集 CAD/CAE/CAM 集成系统的最新版本。它在 UG NX 6.0 的基础上做了许多改进,是当今世界最先进的计算机辅助设计、分析和制作软件之一。此软件集建模、制图、模具设计、加工、结构分析、运动分析和装配等功能于一体,广泛应用于航天、航空、汽车、造船等领域,显著地提高了相关工业的生产率。本项目主要介绍 UG NX 8.0 软件的基础知识,包括 UG NX 8.0 的主要功能模块、操作界面及一些基本操作等。

学习任务

制定如图 1-1 所示的 UG NX 8.0 工作界面,要求:①"提示/状态选择"条位于绘图区域下方;②"特征"工具条、"曲面"工具条、"同步建模"工具条位于绘图区域左方;③"曲线"工具条、"直接草图"工具条、"编辑曲线"工具条位于绘图区域上方;④部件导航器位于绘图区域右方。

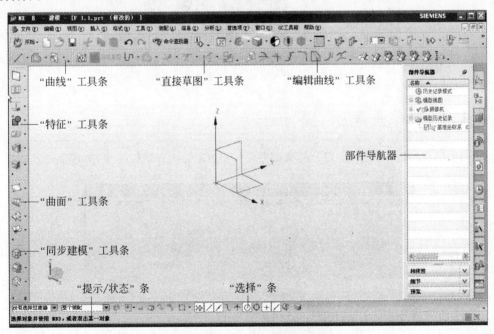

图 1-1　UG NX 8.0 工作界面制定

1.1　UG NX 8.0 工作界面

工作界面是设计者与 UG NX 8.0 系统的交流平台,对于初级用户,有必要对 UG NX 8.0 的工作界面进行介绍,在后续进一步学习后,可根据个人的应用情况及习惯定制适合自已的工作界面。本节主要介绍系统默认的工作界面以及工作界面的制定。

1.1.1　软件启动

启动 UG NX 8.0 中文版，常用以下两种方法。

（1）双击桌面上 UG NX 8.0 的快捷方式图标，便可启动 UG NX 8.0 中文版。

（2）执行"开始"|"所有程序"|UG NX 8.0.0|UG NX 8.0.0 命令，启动 UG NX 8.0 中文版。

UG NX 8.0 中文版启动界面如图 1-2 所示。

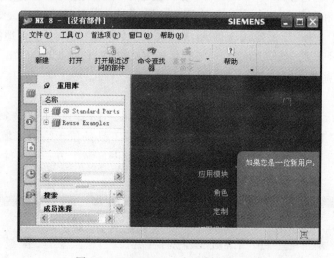

图 1-2　UG NX 8.0 中文版启动界面

1.1.2　操作界面

启动 UG NX 8.0 软件后，打开零件，进入 UG NX 8.0 的操作界面，如图 1-3 所示。

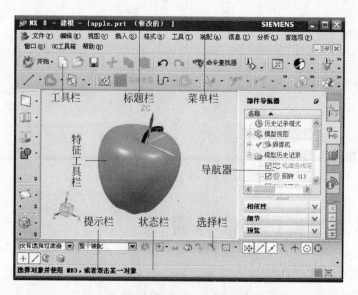

图 1-3　UG NX 8.0 操作界面

1.2　文件管理

文件管理是 UG 中最为基本和常用的操作,在开始创建零部件模型前,都必须有文件存在。本节主要介绍文件管理的基本操作方法。

1.2.1　新建文件

在 UG NX 8.0 工程设计前,需要新建一个文件,其操作步骤如下所述。

(1) 如图 1-2 所示启动 UG NX 8.0 软件后,单击对话框左上角的"新建"图标,将弹出如图 1-4 所示的对话框。

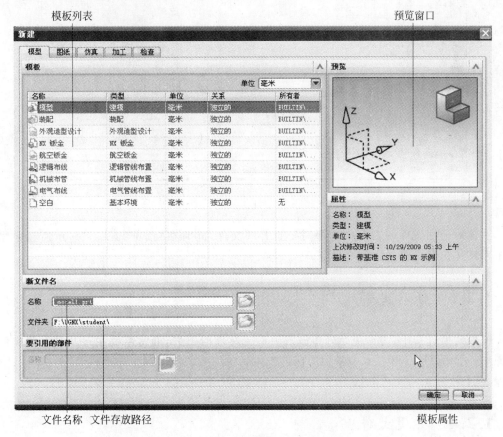

图 1-4　"新建"对话框

(2) 选择"模型"选项卡,在文件"名称"栏输入文件名,在"文件夹"中选择存放路径,单击"确定"按钮完成文件的新建。

1.2.2　打开已有文件

要打开文件，可以通过单击工具栏中的"打开"按钮，也可以执行"文件"→"打开"命令，进入"打开"对话框，如图 1-5 所示。

图 1-5　"打开"对话框

在该对话框文件列表框中选择需要打开的文件，此时在"预览"窗口将显示所选模型。单击 OK 按钮即可将选中的文件打开。

1.2.3　保存文件

一般建模过程中，为避免意外事故发生造成文件的丢失，通常需要用户及时保存文件。如图 1-6 所示，UG NX 8.0 中常用的保存方式有"保存"、"仅保存工作部件"、"另存为"、"全部保存"4 种。

1.2.4　关闭文件

当建模完成后，一般需要保存，然后关闭文件。UG NX 8.0 中关闭文件的方式有 8 种，如图 1-7 所示，常用的有"选定的部件"、"所有部件"、"保存并关闭"、"另存为并关闭"、"全部保存并关闭"、"全部保存并退出"，下面仅介绍两种。

1. 关闭选定的部件

单击"文件"→"关闭"→"选定的部件"，在弹出的如图 1-8 所示的"关闭部件"对话框中

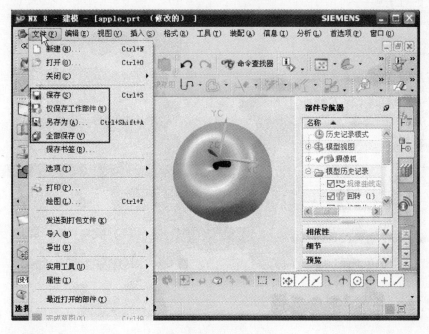

图 1-6 保存文件的方式

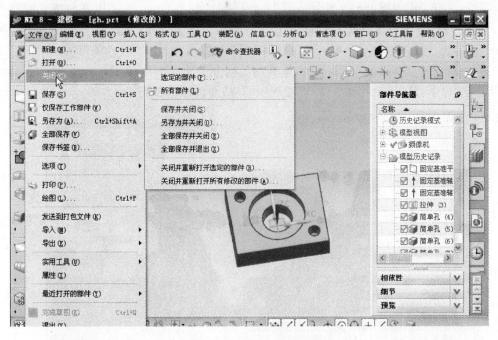

图 1-7 关闭文件的方式

选取过滤器并选取所需关闭的部件或输入所需关闭的文件即可。

2. 关闭所有部件

单击图 1-7 对话框中的"所有部件",弹出如图 1-9 所示的"关闭所有文件"对话框,并询问用户关闭前是否保存部件,选择"是"即保存部件并关闭,选择"否"即关闭但不保存部件。

图 1-8　"关闭部件"对话框　　　　　　　图 1-9　"关闭所有文件"对话框

1.2.5　导入/导出文件

1. 文件的导入

导入文件是把系统外的文件导入到 UG 系统。UG NX 8.0 提供了多种格式的导入形式。包括 DXF/DWG、CGM、VRML、IGES、STEP203、STEP214、CATIA V4、CATIA V5、Pro/E 等，由于导入的形式众多，在这里仅以 STEP 格式为例介绍导入的方法。

（1）新建一零部件，如图 1-10 所示的"文件导入"菜单，选择"文件"→"导入"→STEP203 命令，弹出"导入自 STEP203 选项"对话框，如图 1-11 所示。

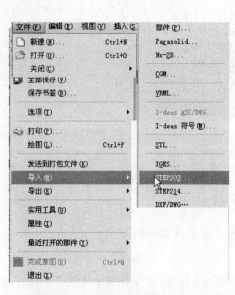

图 1-10　"文件导入"菜单　　　　　　　图 1-11　"导入自 STEP203 选项"对话框

（2）单击"导入自"选项下方的"STEP203 文件"文本框右侧的"浏览"图标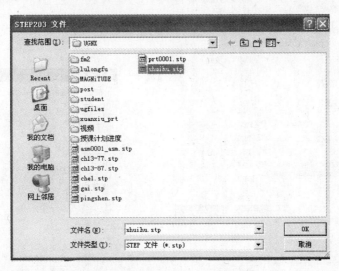，弹出
"STEP203 文件"对话框，如图 1-12 所示。将"查找范围"定位至 STEP 文件所在的文件夹
下，选择需要导入的 SETP 文件后单击 OK 按钮。

图 1-12　"STEP203 文件"对话框

（3）返回"导入自 STEP203 选项"对话框，单击"确定"按钮，系统自动进行相关导入的
计算，完成后导入的零件被加载至零部件文档中。

提示：当勾选"选项"选项下方的"自动缝合曲面"复选框时，表示当零件有破面时，会自
动缝合破面。

2. 文件的导出

在 UG NX 8.0 中，提供了二十多种导出格式，其菜单如图 1-13 所示。在这里只介绍几
种最为常用的导出格式。

1）导出 STEP

打开需要导出的零部件，选择"文件"→"导出"→STEP203 命令，弹出"导出至
STEP203 选项"对话框，如图 1-14 所示。

（1）"文件"选项卡中的相关参数说明如下。

① "导出自"选项组中有"显示部件"与"现有部件"两个单选项。

• 显示部件：导出在工作窗口中显示的零部件。

• 现有部件：将当前零部件以工作目录的形式导出。

② "导出至"设置栏下方显示出当前导出的文件路径。文件路径及导出的名称可自行
修改。

（2）"要导出的数据"选项卡如图 1-15 所示，相关参数说明如下。

在"模型数据"选项组中的"导出"列表中可以指定当前导出的形式，一种是整个部件，另
一种是选定的对象，主要用于当零部件中有多个特征时，可导出局部的某个特征。在导出的
形式中系统默认选择"实体"选项，这里按系统默认的设置即可。

（3）"高级"选项卡中的各项参数按系统默认的设置即可。

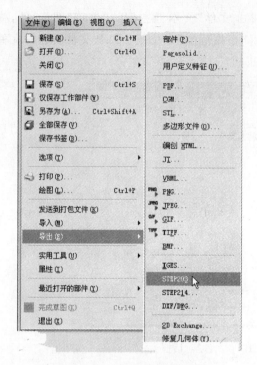

图 1-13　"文件导出"菜单　　　　　　　图 1-14　"导出至 STEP203 选项"对话框

2）导出 DXF/DWG

选择"文件"→"导出"→2D Exchange 命令，弹出"2D Exchange 选项"对话框，如图 1-16
所示。

图 1-15　"要导出的数据"选项卡　　　　　图 1-16　"2D Exchange 选项"对话框

（1）"文件"选项卡中的各项说明如下。

① "导出自"选项组中有"显示部件"与"现有部件"两个选项，同"导出至 STEP203 选
项"对话框。

② "导出至"设置栏用于指定导出的环境、格式、文件名称、保存目录。

- "输出为"用于指定导出的格式,在这里常用的选项为 DWG 文件和 DXF 文件。
- "DWG 文件"选项用于定义导出的文件路径及文件名。也可以单击其下方文本框右侧的 图标,将弹出用于命名导出文件和选择保存文件目录的对话框,在其中也可设置。

③"NX 到 2D 设置文件"和"DXF/DWG 设置文件"设置栏用于定义导出文件所设定的文件。

(2)"要导出的数据"和"高级"选项卡分别如图 1-17 和图 1-18 所示。其中最为重要的一项 DXF/DWG 选项,在这里可以设置 DWG 的文件版本,可以根据需要选择相关的选项。

图 1-17　"要导出的数据"选项卡

图 1-18　"高级"选项卡

1.3　常用工具栏

工具栏是菜单栏中相关命令的快捷图标的集合,如在菜单栏中选择"插入"→"设计特征"→"拉伸"命令或在"特征"工具栏中单击"拉伸"图标 ,都会弹出"拉伸"对话框。快捷图标只是将一些常用的命令制作成快捷方式,便于常用命令的选择。工具栏可以随意停放在主工作区的四周,也可以用鼠标将停靠状态下的任何工具栏向主工作区拖动,工具栏将会出现自己的标题栏,以便于分类识别。

1.3.1　工具栏的不同形式

1. 浮动工具栏

当工具栏以浮动的方式显示时将显示标题栏。标题栏上有该工具栏的相应名称,以及定制工具栏和关闭工具栏的按钮。在图 1-19 中列出了部分浮动工具栏,第一排为无文字提示的浮动工具栏。

2. 工具组

当工具图标右侧有" "符号时,表示这是一个工具组,其中包含数量不等、功能相近的命令图标,单击" "符号便会展开相应的列表框,如图 1-20 所示。

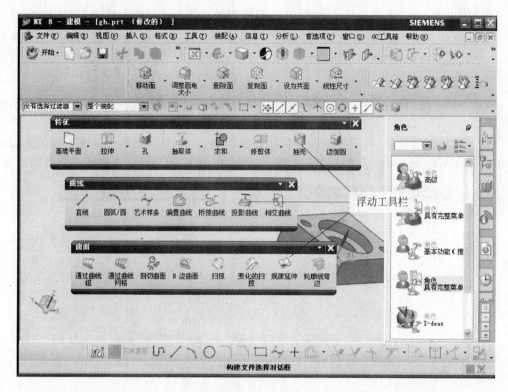

图 1-19　浮动工具栏

图 1-20　工具组

3. 工具图标的隐藏与显示

当工具栏不以浮动的方式显示时,标题栏将不显示,且每个工具栏的左边有一条分离线。因工具栏空间的限制,部分工具栏不能完全展开,在工具栏的右侧有部分工具图标将自动隐藏,此时在该工具栏的右边会出现一个双箭头。单击该双箭头,会展开一个列表框,其中列出了该工具栏中所有隐藏的工具图标,如图 1-21 所示。

1.3.2　基础工具栏

基础工具栏也叫基本工具栏,主要包括"标准"工具栏、"视图"工具栏等,如图 1-22 和图 1-23 所示。

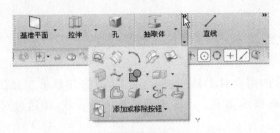

图 1-21　显示隐藏的工具图标

图 1-22　"标准"工具栏

图 1-23　"视图"工具栏

1.3.3　专业工具栏

专业工具栏是指主要提供各种满足用户进行图形设计、编辑及操作等命令的工具，以便进行人机对话。主要有"曲线"工具栏、"曲线编辑"工具栏、"直接草图"工具栏、"编辑特征"工具栏、"特征"工具栏、"曲面"工具栏、"编辑曲面"工具栏等，如图 1-24 至图 1-27 所示。

图 1-24　"曲线"工具栏

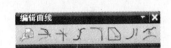

图 1-25　"曲线编辑"工具栏

图 1-26　"直接草图"工具栏

图 1-27　"编辑特征"工具栏

特征工具栏提供创建参数化特征实体模型的大部分工具，主要用于建立规则和不太复杂的模型，如图 1-28 至图 1-30 所示。

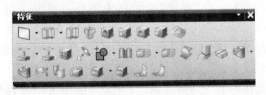

图 1-28　"特征"工具栏

图 1-29　"曲面"工具栏

图 1-30　"编辑曲面"工具栏

1.3.4　定制工具栏

用户可以根据工作的需要对工具栏进行定制：消隐和显示工具条、消隐和显示工具图标、移除和显示工具图标提示文字。定制工具栏有两种方式，即通过对话框定制工具栏和以快捷方式定制工具栏。

1. 通过对话框定制工具栏

（1）在菜单栏中选择"工具"→"定制"命令，如图 1-31 所示。

（2）弹出如图 1-32 所示的"定制"对话框。在"工具条"选项卡中，单击列表中的任一选项，选中后的选项将在工具栏中显示，反之工具栏将被移除。

图 1-31　工具栏定制菜单   图 1-32　定制工具栏对话框

提示：工具栏第一次显示时将以浮动的方式显示出来，若工具栏是被移除后再次显示的，则该工具栏将显示在被移除时的位置上。

（3）移除工具栏中的图标：在"定制"对话框中的任一选项卡中，将要移除的命令图标拖离工具栏即可。

（4）添加命令到工具栏：切换至"命令"选项卡，选择类别后将该命令从对话框拖放到工具栏中，如图 1-33 所示。

（5）移除和显示工具图标提示文字：在"工具条"选项卡中选择任一选项，再勾选对话框右边的"文本在图标下面"复选框，则所选择的工具栏将出现文字提示。若取消勾选，则显示文字提示如图 1-32 所示。

2. 以快捷方式定制工具栏

（1）显示和隐藏整个工具栏：在工具栏中右击鼠标，在弹出的菜单中选择相应的工具栏名称，当勾选某工具栏选项前的复选框时，该工具栏显示。再次单击该复选框，将取消前面的勾选,工具被移除。

(2) 更改工具栏上的图标:在工具栏中单击工具栏右下角的箭头符号"▼",从"添加或移除按钮"菜单中选择相应的类别,并在展开的列表中选择相应的命令,当勾选某一命令前的复选框时,该命令即被添加到工具栏上,再次选择该命令,将取消复选框的勾选,该命令从工具栏中移除,如图1-34所示。

图1-33　定制工具栏"命令"选项对话框

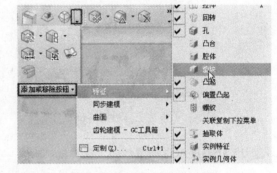

图1-34　快捷制定命令菜单

(3) 从"添加或移除按钮"菜单中选择相应的类别后,在展开的列表中选择"文本在图标下面"选项,则相应的工具栏选项将出现提示文字,再次选择该项,将取消勾选的复选框,工具栏上的提示文字也将隐藏。

1.3.5　取消工具栏定制

一般情况下,每次退出软件时,系统都会保存对菜单和工具条的布局及内容所做的调整。如果用户不希望软件保存任何更改,可以执行"首选项"→"用户界面"命令,进入"用户界面首选项"对话框,如图1-35所示,选择"布局"选项卡并去掉"退出时保存布局"选项前的勾选符号即可。

1.3.6　部件导航器和状态提示栏设置

1. 部件导航器设置

如图1-36所示,部件导航器主要用于显示零部件等的设计步骤、顺序以及所使用的指令信息,还可以在部件导航器里进行编辑、顺序的修改等。执行"首选项"→"用户界面"命令,进入"用户界面首选项"对话框,如图1-35所示。选择"布局"选项卡,在"资源条"右侧的下拉列表中选取"在右侧",则部件导航器便放置于绘图区域右侧;在"资源条"右侧下拉列表中选取"在左侧",则部件导航器便放置于绘图区域左侧。

图 1-35　取消工具栏定制设置对话框

图 1-36　部件导航器

2. 状态提示栏设置

状态提示栏主要对当前用户所操作的内容提供一些信息提示,指导用户进行操作设计,这对初学者来说非常重要,建议新手要养成多看状态提示栏所提供的信息的习惯。

通过图 1-31 所示的定制工具栏菜单选择"布局"选项卡,如图 1-37 所示,可以设置提示/状态栏的位置为"俯视图"或"仰视图",默认位于绘图区上部。

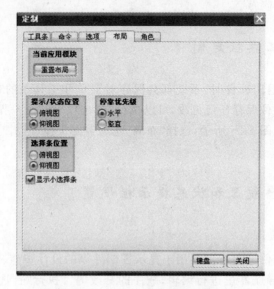
图 1-37　状态提示栏设置对话框

任务分析及实施

1. 任务分析

根据要求所需完成的任务有"提示/状态"、"部件导航器"的位置设置以及工具栏的摆放设置,根据所学相关知识点可知,完成本次任务非常简易。

2. 任务实施

(1) 根据1.3.4节的定制工具栏知识点,设置图1-32至图1-34相关选项即可完成工具栏命令的制定。

(2) 对定制好的工具栏命令,鼠标左键按住工具条不松开,拖动到所需的位置。

(3) 由1.3.6节部件导航器和状态提示栏设置知识点可知,如图1-35所示,在"资源条"右侧下拉列表中选取"在右侧",则部件导航器便放置于绘图区域右侧;如图1-37所示,在"提示/状态位置"选择"仰视图",则提示/状态栏便位于绘图区域下部(提示 UG NX 8.0软件所默认的投影视角为第三视角)。

小结

本项目介绍了 UG NX 8.0 的功能、工作界面、文件管理及工具栏的定制等,读者在学习本项目时,应重点掌握 UG NX 8.0 的文件管理和工具栏定制,了解其工作界面的布局。

项目 2 UG NX 8.0 基本操作

利用 UG NX 8.0 进行特征建模操作时,只有熟练掌握基本建模操作方法,才能在最短的时间内创建出满足要求的特征模型。本项目将简要介绍 UG NX 8.0 的基本操作方法,包括首选项设置、视图布局、点构造器、矢量、选择功能、坐标系等。熟练掌握其使用方法,对今后运用特征建模将有很大的帮助。

学习任务

利用"对象显示"、"截面视图"、"视图显示样式"和"视图布局"功能,打开文件夹
Project02→2.1_1.prt,创建如图 2-1 所示的视图。

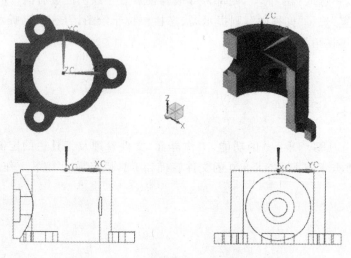

图 2-1 视图布局/显示创建

2.1 首选项设置

在日常的特征建模过程中,不同的用户会有不同的建模习惯。在 UG NX 8.0 中,用户可以通过修改设置首选项参数来达到熟悉工作环境的目的。包括利用"首选项"来定义新对象、名称、布局和视图的显示参数,设置生成对象的图层、颜色、字体和宽度,控制对象、视图和边界的显示,更改选择球的大小,指定选择框方式,设置成链公差和方式,以及设计和激活栅格。本节将主要介绍常用首选项参数的设置方法。

2.1.1 对象预设置

对象预设置是指对一些模块的默认控制参数进行设置。可以设置新生成的特征对象的

属性和分析新对象时的显示颜色,包括线型、线宽、颜色等参数设置。该设置不影响已有的对象属性,也不影响通过复制已有对象而生成的对象的属性。参数修改后,再绘制的对象,其属性将会是参数设置对话框中所设置的属性。

如图 2-2(a)所示,执行"首选项"→"对象"命令(或者用快捷键 Ctrl+Shift+J),进入"对象首选项"对话框,该对话框包含"常规"和"分析"两个选项卡,用于预设置对象的属性及分析的显示颜色等,相关参数如图 2-2(b)所示。

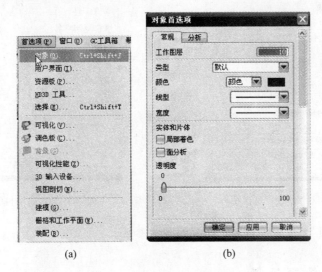

(a)　　　　　　　　　　(b)

图 2-2　"对象首选项"对话框

"常规"选项卡设置界面中可以对工作图层、类型、颜色、线型、线宽等进行设定。具体操作步骤为:

(1) 单击"类型"文本框右侧的下拉箭头,在弹出的下拉列表中有"直线"、"圆弧"、"样条"、"二次曲线"、"实体"、"片体"、"基准/平面"、"点"、"坐标系"、"默认"等对象类型。选择要设置的对象类型,即可对其进行相应(颜色、线型和线宽)的设置。

(2) "颜色"选项组中可以设置编辑对象的颜色和局部进行着色或面分析着色。

(3) 拖动"透明度"选项下的滑块可以设置实体或片体对象的透明度。

2.1.2　用户界面设置

"用户界面首选项"对话框中共有 5 个选项卡:"常规"、"布局"、"宏"、"操作记录"、"用户工具",如图 2-3 所示。

(1) "常规":在"常规"选项卡设置界面中可以对显示小数位数进行设置,包括对话框、跟踪条、信息窗口;确认或取消重置切换开关等。

(2) "布局":选择 NX 工作界面的风格,对资源条的显示位置进行调整,对在工作窗口中进行设置后的布局进行保存,如图 2-4 所示。

(3) "宏":对录制和回放操作进行设置。

(4) "操作记录":对操作记录语言、操作记录文件格式等进行设置。

图 2-3　"常规"对话框

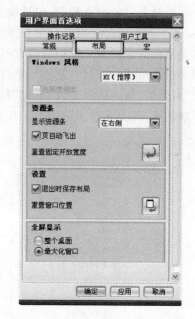

图 2-4　"布局"对话框

（5）"用户工具"：设置加载用户工具的相关参数。

2.1.3　选择预设置

执行"首选项"→"选择"命令（或者用快捷键 Ctrl＋Shift＋T），弹出"选择首选项"对话框，如图 2-5 所示，对话框中各选项说明如下。

1. "多选"

（1）"鼠标手势"：指定框选时用矩形还是多边形。

（2）"选择规则"：指定框选时哪部分的对象将被选中。

2. "高亮显示"

（1）"高亮显示滚动选择"：设置是否高亮显示滚动选择。

（2）"滚动延迟"：当勾选"高亮显示滚动选择"复选框选项时，用于设定延迟的时间。

（3）"用粗线条高亮显示"：设置是否用粗线条高亮显示对象。

（4）"高亮显示隐藏边"：设置是否高亮显示隐藏的边。

（5）"着色视图"：指定着色视图时是高亮显示面还是高亮显示边。

（6）"面分析视图"：指定面分析显示时是高亮显示面还是高亮显示边。

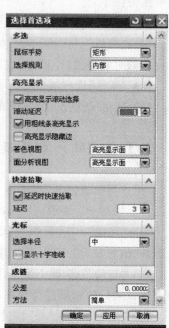

图 2-5　"选择首选项"对话框

3. "快速拾取"

(1)"延迟时快速拾取"：决定鼠标选择延迟时,是否进行快速选择。

(2)"延迟"：设定延迟多长时间时进行快速选择。

4. "光标"

(1)"选择半径"：设定选择球的半径大小,分为大、中、小三个等级。

(2)"显示十字准线"：勾选此选项,将显示十字光标。

5. "成链"

用于成链选择的设置。

(1)"公差"：设置链接曲线时,彼此相邻的曲线端点都允许的最大间隙。

(2)"方法"：设定链的连接方式,共有"简单"、WCS,"WCS 左侧"、"WCS 右侧"4 种方式。

"简单"：选择彼此首尾相连的曲线串。

WCS：选择当前工作坐标平面上彼此首尾相连的曲线串。

"WCS 左侧"：在当前坐标平面中,从链接开始点到结束点。沿左侧选择彼此首尾相连的曲线串。

"WCS 右侧"：在当前坐标平面中,从链接开始点到结束点。沿右侧选择彼此首尾相连的曲线串。

2.1.4　可视化

选择"首选项"→"可视化"命令,弹出"可视化首选项"对话框,如图 2-6 所示。该对话框中共提供了"手柄"、"名称/边界"、"直线"、"视图/屏幕"、"特殊效果"、"视觉"、"小平面化"、"颜色"8 个选项卡,下面主要介绍常需要预设置的 4 个选项卡。

1. "视觉"

该选项用于对视图的显示进行设置,如边的显示、背景色设置、颜色设置等,其设置界面如图 2-6 所示。

(1)"渲染样式"：用于设置视图的渲染样式,单击该下拉列表框右侧的箭头,将弹出视图渲染样式下拉列表。根据需要选择渲染样式,一共有 6 种渲染样式。

"着色"：着色显示当前视图。

"线框"：以线框显示当前视图。

"静态线框"：用边缘几何体渲染工作视图中的面。

"工作室"：根据指定的材料、纹理和光源实际渲染工作视图中的面。

"面分析"：用曲面分析数据渲染工作视图中的面分析面。

"局部着色"：着色显示所选视图中的所选对象。

(2)"着色边颜色"：控制视图中阴影面的边缘显示。

图 2-6　"视觉"选项卡

"无"：不显示阴影面的边缘，其右侧的颜色设置框将禁用。

"指定颜色"：显示阴影面的边缘，并由用户指定边缘的显示颜色。单击右侧的颜色框对其显示颜色进行设置。

"体颜色"：显示阴影面的边缘，颜色同几何体颜色。其右侧的颜色设置框禁用。

（3）"隐藏边样式"：设置"着色边颜色"为"无"时，隐藏着色面边的显示。

"不可见"：隐藏的着色面的边不显示。

"隐藏几何体颜色"：显示隐藏着色面的边，并且颜色与隐藏几何体颜色一致。

"虚线"：以虚线显示隐藏的着色面的边。

（4）"光亮度"：指定曲面高亮显示的亮度，拖动滑块可改变其亮度。

（5）"两侧光"：决定光线是否要射到各个面的正反两面。如果没有这个特征，对于片体会生成无效显示。

2．"小平面化"

用于设置视图着色的相关参数，其设置界面如图 2-7 所示。

图 2-7　"小平面化"选项卡

（1）"公差"：用于设定对象着色显示的公差，单击其右侧的箭头，在弹出的下拉列表中包含 6 个等级："粗糙"、"标准"、"精细"、"特精细"、"极精细"、"定制"。各选项与定制面边缘公差、定制面公差、定制面角度公差值相关。公差越小，着色质量越高，显示速度越慢。

当设置为"定制"时，用户可通过设定"定制面边缘公差"、"定制面公差"、"定制面角度公差"来控制面的着色质量。

（2）"更新模式"：指定重新更新时，要重新更新小平面化的对象，在"更新模式"下拉列表中包括以下模式。

"可见对象"：只对可见对象更新显示。

"所有对象"：对所有对象都更新显示。

"无"：不对任何对象进行更新。

（3）"高级可视化视图"：该选项用于设置"面分析"模式和"艺术外观显示"模式时的着色质量。

3．"颜色"

用于设置部件和图纸的预选对象、选择对象、隐藏几何体等的颜色，如图 2-8 所示。

（1）"预选"：指定用于高亮显示预选对象的颜色。

（2）"选择"：指定用于高亮显示选择对象的颜色。

（3）"隐藏几何体"：指定保留为可见的几何体的颜色，即使由着色几何体所隐藏也适用此选项。

4．"名称/边界"

该选项用于设置是否显示对象名称及模型视图。其设置界面如图 2-9 所示。

（1）"对象名称显示"：设置是否显示对象名称以及在何处显示对象名称。

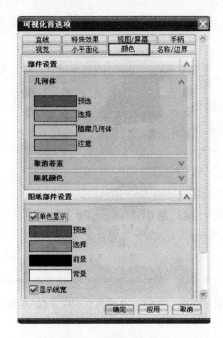
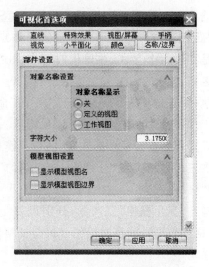

<table>
<tr><td>图 2-8　"颜色"选项卡</td><td>图 2-9　"名称边界"选项卡</td></tr>
</table>

"关"：不显示对象名称。

"定义的视图"：选择此选项，则在当时定义对象、属性的视图中显示对象的名字。

"工作视图"：在当前视图中显示对象、属性的名字。

（2）"显示模型视图名"：勾选此选项，将显示视图名。

（3）"显示模型视图边界"：勾选此选项，将显示模型视图的边界。

2.1.5　调色板预设置

该选项用于修改或设置视图区背景和当前颜色。执行"首选项"→"调色板"命令，进入"颜色"对话框，如图 2-10 所示。

单击"颜色"选项卡中的"编辑背景"按钮，弹出"编辑背景"对话框，如图 2-11 所示。

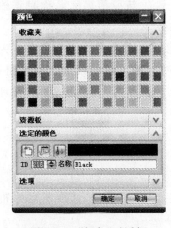

图 2-10　"颜色"对话框　　　　　　　图 2-11　"编辑背景"对话框

2.1.6　栅格和工作平面预设置

栅格和工作平面预设置是指在 WCS 平面的 XC-YC 平面内生成一个方形或圆形的栅格点。这些栅格点只是在显示上存在，在建模时可利用光标捕捉这些栅格点来定位。

执行"首选项"→"栅格和工作平面"命令，进入"栅格和工作平面"对话框，如图 2-12 所示。可利用该对话框设置图形窗口"栅格和工作平面"模式的参数，系统提供三种栅格类型，分别为"矩形均匀"、"矩形非均匀"和"极坐标"。

勾选"显示栅格"复选框，分别设置"主栅格间距"和"栅格颜色"等，便可在绘图区进行栅格的捕捉绘制。

图 2-12　"栅格和工作平面"对话框

2.2　视图布局

视图布局是指根据个人习惯或相关要求设置自定义的视图布局，或对视图进行缩放、旋转或平移操作，以及以要求的线框形式显示特征模型、给特征着色、观察特征模型截面形状等。使用该设置可以方便用户观察和操作，从而提高建模质量和工作效率。本节主要介绍视图布局的操作方法。

2.2.1　新建视图布局

执行"视图"→"局部"→"新建"命令，弹出"新建布局"对话框，如图 2-13 所示。

下面对该对话框中的各选项进行说明。

"名称"：用于设置新视图的布局名称。用户在输入新视图局部名称时需输入 ASCII 数据。

"布置"：用于设置视图的预定义方式。系统提供了 6 种布置方式分别命名为 L1～L6，如图 2-14 所示。用户设置完视图布置方式后，位于对话框下侧的视图布局按钮将被激活，单击所需的视图按钮，在视图名称列表框中选择所需的视图名词，单击"确定"按钮便可新建视图布局，如图 2-15 所示。

2.2.2　打开视图布局

执行"视图"→"局部"→"打开"命令，弹出"新建布局"对话框，选取所需的布局方式即可，如图 2-16 所示。

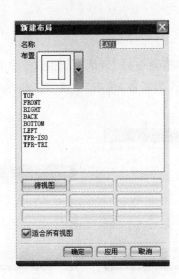

图 2-13　"新建布局"对话框

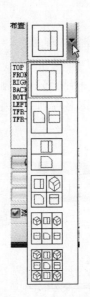

图 2-14　布局方式

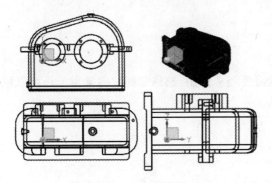

图 2-15　布局方式为 L4

图 2-16　"打开布局"对话框

2.2.3　更新视图布局

一般对模型修改后需显示修改后的视图效果。此时常常需要更新视图布局。用户只需执行"视图"→"局部"→"更新显示"命令，系统将会自动进行更新操作。

2.2.4　替换视图

利用该选项，用户可根据需要替换视图布局中的任意视图。执行"视图"→"局部"→"替换视图"命令，弹出"要替换的视图"对话框，如图 2-17 所示。

该对话框列表框中列出了当前布局中各视图的名称，用户只需选择欲替换视图的名称后，单击"确定"按钮，此处将弹出"替换视图用…"对话框，如图 2-18 所示。在该对话框中指定需要的视图后，单击"确定"按钮即可完成视图的替换操作。

2.2.5　删除视图

执行"视图"→"局部"→"删除"命令,弹出"删除布局"对话框,如图 2-19 所示。用户可以从当前布局视图名称列表框中选择需删除的视图名称,单击"确定"按钮,系统将会删除该视图布局。

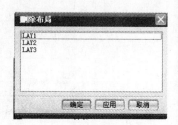

图 2-17　"要替换的视图"对话框　　　图 2-18　"替换视图用…"对话框　　　图 2-19　"删除布局"对话框

2.3　常用工具介绍

在 UG 功能操作过程中,有一些工具需要经常使用,熟练掌握这些常用工具可以极大地提高工作效率,本节将介绍这些常用工具。

2.3.1　点构造器

该工具用于根据需要捕捉已有的点或创建新点。在 UG 的功能操作中,许多功能都需要利用"点"对话框来定义点的位置。单击工具栏中的按钮或者执行"插入"→"基准/点"→"点"命令,弹出"点"对话框,如图 2-20 所示。在不同的情况下,"点"对话框的形式和所包含的内容可能会有所差别。

"类型":默认为"自动判断的点"。单击选项栏中右侧的黑色小三角,弹出点的"类型"对话框,如图 2-21 所示,主要有"光标位置"、"现有点"、"终点"、"控制点"、"交点"、"圆心"等。

2.3.2　矢量构造器

在 UG 建模过程中,经常用到矢量构造器来构造矢量方向,例如创建实体时的生成方向、投影方向、特征生成方向等。在此,有必要对矢量构造器进行介绍。

矢量构造功能通常是其他功能中的一个子功能。通常,系统会自动判定得到矢量方向。如果需要以其他方向作为矢量方向,可以在"方向"选项栏中单击黑色小三角,弹出"矢量"对话框,如图 2-22 所示。该对话框列出了可以建立的矢量方向的各项功能。

图 2-20　"点"构造器对话框

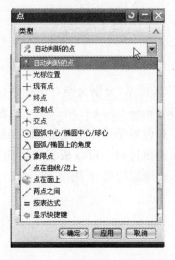
图 2-21　点构造器"类型"对话框

图 2-22　"矢量"构造器对话框

2.3.3　类选择器

在建模过程中,经常需要选择对象,特别是在复杂的建模中,用鼠标直接操作难度较大。因此,有必要在系统中设置筛选功能。在 UG 中提供了类选择器,可以从多选项中筛选所需的特征。

执行"信息"→"对象"命令,进入"类选择"对话框,如图 2-23 所示,在过滤器栏,选取类型过滤器图标 →弹出"根据类型选择"对话框,选择所需的类型即可选取相应的对象,如图 2-24 所示。

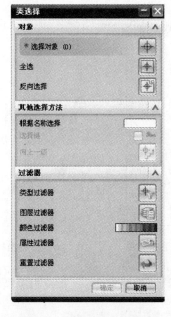
图 2-23　"类选择"对话框

图 2-24　"根据类型选择"对话框

2.4　坐标系

UG 系统提供了两种常用的坐标系,分别为绝对坐标系(Absoulute Coordinate System, ACS)和工作坐标系(Work Coordinate System,WCS)。二者都遵守右手定则,其中绝对坐标系是系统默认的坐标系,其原点位置是固定不变的,即无法进行变化。而工作坐标系是系统提供给用户的坐标系,在实际建模过程中可以根据需要构造、移动和旋转变化,同时还可以对坐标系本身进行保存、显示或隐藏等操作,本节将介绍工作坐标系的构造和变化等操作方法。

2.4.1　构造坐标系

构造坐标系是指根据需要在视图区创建或平移坐标系,同点和矢量的构造类似。在菜单栏中执行"格式"→WCS→"定向"命令,进入 CSYS 对话框,如图 2-25 所示。

在"类型"下拉列表中共有 16 种创建坐标系的方式,如图 2-26 所示。

(1)"动态":系统默认的状态为"动态"坐标系,动态坐标系以参考 WCS 为基准,创建的坐标系在工作窗口中出现预览状态,如图 2-27 所示。图中的 X,Y,Z 的数值为新基准坐标系原点到所选择的参考坐标系的坐标值。可直接编辑此数值,也可以用鼠标选择新坐标系原点的位置。用鼠标选择坐标系中的小球,可以使坐标系绕不在球所在平面的轴旋转。

图 2-25　坐标系构造对话框

图 2-26　CSYS 类型下拉菜单

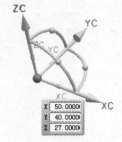

图 2-27　动态坐标系

(2)"自动判断":定义一个与所选对象相关的坐标系,选择对象后,系统根据所选择的对象和选项构建坐标系。

(3)"原点、X 点、Y 点":用 3 个点分别定义原点、X 轴点、Y 轴点,如图 2-28(a)所示。

（4）"X 轴、Y 轴、原点"：分别指定坐标系的 X 轴，Y 轴和原点构建新的基准坐标系，如图 2-28(b)所示。新坐标系的 Z 轴，由 X 轴、Y 轴和右手定则确定。

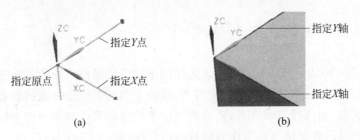

图 2-28　指定点/边创建坐标系

（5）"绝对 CSYS"：绝对的原点是绝对坐标系的原点。在(0,0,0)点创建坐标系。X 轴和 Y 轴是绝对坐标系的 X 轴和 Y 轴。

（6）"当前视图的 CSYS"：以当前视图方位创建坐标系。X 轴平行于视图的底部，Y 轴平行于视图的侧边，原点为图形屏幕的中点。

（7）"偏置 CSYS"：创建"偏置 CSYS"方式坐标系的设置界面如图 2-29 所示。选择其他的坐标系进行平移和旋转来构建新的基准坐标系。

（8）"对象 CSYS"：如图 2-30 所示对象 CSYS 对话框，选取需创建坐标系的平面，坐标系 X、Y 平面与所选取平面重合，原点位于平面中心，如图 2-31 所示。

图 2-29　偏置 CSCY 对话框

图 2-30　对象 CSCY 对话框

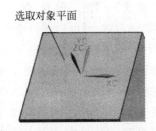

图 2-31　对象 CSCY 的创建

2.4.2　坐标系的保存

一般对经过平移或旋转等变换后创建的坐标系需要及时地保存，便于区分原有的坐标系,同时便于在后续建模过程中根据用户需要随时调用。执行"格式"→WCS→"保存"命令,系统将保存当前的工作坐标系。

2.4.3　坐标系的显示和隐藏

执行"格式"→WCS→"显示"命令,该选项用于显示或隐藏当前的工作坐标系。执行该命令后,当前的工作坐标系的显示或隐藏与否,取决于当前工作坐标系的状态。如果当前坐标系处于显示状态,则执行该命令后,将隐藏当前工作坐标系。如果当前坐标系处于隐藏状态,则执行该命令后,将显示当前工作坐标系。

2.5　图层操作

图层是指放置模型对象的不同层次。在多数图形软件中,为了方便对模型对象的管理,设置了不同的层,每个层可以放置不同的属性。各个层不存在实质上的差异,原则上任何对象都可以根据不同需要放置到任何一个图层中。其主要作用就是在进行复杂特征建模时可以方便地进行模型对象的管理。

UG 系统中最多可以设置 256 个图层,每个层上可以放置任意数量的模型对象。在每个组件的所有图层中,只能设置一个图层为工作图层,所有的工作只能在工作图层上进行。其他图层可以对其可见性、可选择性等进行设置来辅助建模工作。

在 UG NX 8.0 中,图层的有关操作集中在"格式"菜单中,本节将对系统提供的 4 种图层命令进行介绍。

2.5.1　图层设置

该选项是在创建模型前,根据实际需要、用户使用习惯和创建对象类型的不同对图层进行设置。

执行"格式"→"图层设置"命令,打开"图层设置"对话框,如图 2-32(a)所示。选择任意图层"名称"→右键,可以对部件中所有图层或任意一个图层进行"设置可选"、"设为工作图层"、"设为仅可见"等设置,如图 2-32(b)所示。

"工作图层":指当前绘制图元所在的图层。

"可选择":当前绘制的图元不仅可以看见,而且可以进行编辑、删除等操作。

"仅可见":当前绘制的图元仅可以看见,不能进行编辑、删除等操作。

"不可见":当前绘制的图元隐藏,看不见。

2.5.2　移动至图层

该选项是指将选定的对象从一个图层移动到指定的一个图层,原图层中不再包含选定的对象。

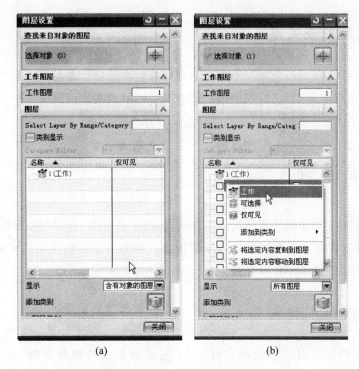

(a)　　　　　　　　　　　(b)

图 2-32　"图层设置"对话框

执行"格式"→"移动至图层"命令,打开"类选择"对话框,如图 2-33 所示。利用该对话框选取需移动图层的对象,弹出"图层移动"对话框,如图 2-34 所示,在"目标图层或类别"文本框中输入需移动的图层名称,则所选对象移动到相应图层。

图 2-33　"类选择"对话框

图 2-34　"图层移动"设置对话框

2.5.3　复制至图层

该选项是指将选取的对象从一个图层复制到指定的图层。其操作方法与"移动至图层"类似,二者的不同点在于执行"复制至图层"操作后,选取的对象同时存在于原图层和指定的图层。

2.6　对象设置

为了更快地适应 UG 软件系统的工作环境,提高工作效率,通常需要根据不同的用户使用习惯或相关规定设置一些系统默认的控制参数。本节主要介绍常用的对象设置,包括对象名称、对象显示、对象选择等的设置。

2.6.1　对象名称设置

当用户创建的几何对象数量很多时,为了便于对象的选取和管理,通常需要给这些对象设置一个名称,此时便用到该选项。执行"编辑"→"属性"命令,打开"类选择"对话框。利用该对话框在工作视图区选取需设置或修改的对象后,单击"确定"按钮,弹出"属性"对话框,在该对话框中,系统提供了两个选项卡。单击"特征属性"选项卡,进入"特征属性"选项卡对话框。如果第一次设置对象的名称,只需在"标题"文本框内输入定义的名称即可。

2.6.2　编辑对象显示

该选项用于编辑或修改特征对象的属性(包括颜色、线型、透明度等)。执行"编辑"→"对象显示"命令,进入"类选择"对话框。利用"类选择"对话框在视图工作区选取所需对象,单击"确定"按钮,进入"编辑对象显示"对话框,如图 2-35 所示。

1. "基本符号"

"颜色":单击颜色右端显示颜色的图标,弹出"颜色"资源板→选取所需颜色→单击"确定"按钮,所选对象变成相应颜色,如图 2-36 所示。

"线型"/"宽度":针对所选对象为曲线而非实体等其他对象,当选取对象为曲线时,即可改变线条的粗细及线型。

2. "着色显示"

"透明度":通过左右调整透明度"拉杆",即可设置对象的透明程度。

2.6.3　显示和隐藏对象

在创建较复杂的模型时,一般情况下此模型包括多个特征对象,容易造成大多数观察角度无法看到被遮挡的特征对象,此时就需要将不操作的对象暂时隐藏起来,先对其遮挡的对象进行特征操作。完成后,根据需要将隐藏的特征对象再重新显示出来。下面将介绍常用的几种隐藏或显示的操作方法。

执行"编辑"→"显示和隐藏"命令,弹出"显示和隐藏"下拉菜单,如图 2-37 所示。

图 2-36　颜色资源版

图 2-35　"编辑对象显示"对话框

图 2-37　"显示和隐藏"下拉菜单

"显示和隐藏":选择"显示和隐藏"图标,即弹出如图 2-38 所示的对话框,在相应对象后面单击"显示"图标 ✚,即对象显示,单击"隐藏"图标 ━,即对象隐藏。

"隐藏":选择"隐藏"图标→弹出"类选择"对话框→选取要隐藏的对象→单击"确定"按钮→对象隐藏。

"显示":选择"显示"图标→弹出"类选择"对话框→选取已隐藏的对象→单击"确定"按钮→把隐藏的对象显示。

"全部显示":选择"全部显示"图标,则所有被隐藏的对象全部显示。

图 2-38　对象"显示和隐藏"对话框

2.7　观察视图

观察视图是指通过改变视图的位置和角度，以便于进行对象选取和操作。本节将介绍常用的几种观察视图的工具及其操作方法。

2.7.1　旋转视图

旋转视图是指通过旋转来改变视图角度。下面分别介绍常用的几种旋转视图的方法。

（1）使用鼠标：按住鼠标中键不松开，移动鼠标即可旋转对象（此方法常用）。

（2）使用"旋转视图"对话框：执行"视图"→"操作"→"旋转"命令，弹出如图 2-39 所示的对话框，通过对话框"固定轴"选择旋转轴和"方位"设置旋转视图即可方便地旋转对象。

2.7.2　平移视图

平移视图是指通过平移来改变视图位置。下面分别介绍几种常用的平移视图的方法。

1. 使用鼠标

使用鼠标平移视图是指同时按住鼠标中键和右键并拖动鼠标来平移视图，也可以按住 Shift 键和鼠标中键平移视图（此方法常用）。

2. 使用"平移"图标

图 2-39　"旋转视图"对话框

单击"视图"→"操作"→"平移"命令，并在视图区按下鼠标左键并移动，视图将随鼠标移动方向进行平移。

2.7.3　缩放视图

缩放视图是指对视图进行局部放大或对整个视图进行缩小操作。常用的缩放操作有以下几种。

（1）使用鼠标按键：按住鼠标左键和中键不放，拖动鼠标缩放视图。还可以按住 Ctrl 键并使用鼠标中键拖动缩放视图（此方法常用）。

（2）使用鼠标滚轮：当用户需要在当前光标位置附近进行缩放时，一般常用鼠标滚轮缩放视图。系统默认每次单击鼠标将放大或缩小 25%。另外，当使用滚轮来缩放时，光标下的点会保持静态。

（3）使用"缩放视图"对话框：执行"视图"→"操作"→"缩放"命令，打开"缩放视图"对话框，如图 2-40 所示。用户可以在"比例"文本框内直接输入缩放比例值，也可以单击"缩小一半"、"双倍比例"、"缩小 10%"和"放大 10%"选项按钮,单击"确定"按钮即可完成视图的缩放操作。

（4）使用缩放图标:单击"视图"工具栏中的"缩放"图标,并在视图区按下鼠标左键并移动,视图将被放大或缩小。

图 2-40　缩放视图对话框

2.7.4　截面视图

截面视图是指利用假想的平面去剖切选定对象,以观察到对象内部的结构特征。此选项在创建或观察比较复杂的几何特征时经常使用,需要将对象进行剖切操作,暂时去掉对象的多余部分,以便对该对象内部结构进行观察和进一步操作。

执行"视图"→"截面"→"编辑工作截面"命令（或单击菜单图标 ），打开"查看截面"对话框,如图 2-41 所示。

在该对话框"类型"下拉列表框中系统提供了 3 种新建截面类型,其操作方法基本类似,都需要先确定截面的方位,再确定其具体剖切位置。

"偏置":通过偏置下部"拉杆"左右移动来调整剖切零件平面的位置,如图 2-41 所示。

"剖切平面":根据所选的方位,选定与 X、Y、Z 中垂直的任一平面作为剖切面,如图 2-42 所示。

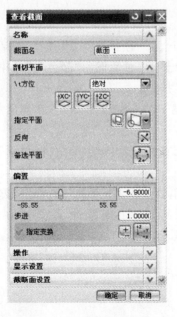

图 2-41　"查看截面"对话框

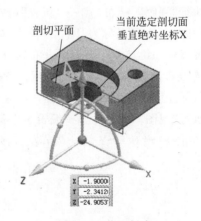

图 2-42　截面创建

取消"截面查看"可通过菜单图标 或执行"视图"→"截面"→"剪切截面"命令。

2.7.5　视图显示样式

在进行视图观察时,为达到不同的视觉效果,常常需要改变视图的显示样式。UG NX

8.0 中提供了以下几种常用的显示样式,通过长时间按住右键(或通过"视图"工具栏下拉箭头)即弹出如图 2-43 所示"视图显示"快捷图标。

图 2-43 "视图显示"快捷图标

任务分析及实施

1. 任务分析

本任务需要解决的问题有 4 点,即对象颜色显示、视图的布局、视图显示样式和视图截面的创建问题,根据所需知识点不难解决。

2. 任务实施

(1) 打开 Project→2.1_1.prt。

(2) 执行"编辑"→"对象显示"(或快捷键 Ctrl+ J)→在弹出的"类选择"对话框中选取 2.1_1.prt→单击"确定"按钮→在弹出的"编辑对象显示"对话框的"颜色"选项中单击颜色 进入"颜色资源板"→选取相应的颜色→单击"确定"按钮。

(3) 执行"视图"→"布局"→"新建"(或快捷键 Ctrl+Shift+ N)→在弹出的"新建布局"对话框中选择布局名称为"L4"→单击"确定"按钮。

(4) 将鼠标左键放置于右视图→右键→在弹出如图 2-43 所示的"视图显示"快捷图标 中选择静态线框图标📦,以同样的步骤设置前视图。

(5) 鼠标左键放置于正等侧视图→右键,在弹出的快捷下拉图标中选择"扩展"。

(6) 执行"视图"→"截面"→"编辑工作截面"命令(或菜单图标📓),打开"查看截面"→剖切平面方位→"绝对"→Y 轴→调节左右移动光标,结果如图 2-1 所示。

小结

本项目详细讲述了 UG NX 8.0 的基本操作和常用工具,包括参数预设置、视图布局、常用工具、坐标系、图层操作、对象选择以及观察视图的方法。在后面特征建模及装配过程中,经常用到本项目所讲述的内容,熟练掌握本项目介绍的这些基本操作,将很大程度提高后续建模工作的效率和质量,因此读者在学习本项目知识时需重点掌握。

思考练习

1. 简述利用矢量构造器创建矢量的一般步骤。
2. 简述图层设置的操作步骤。
3. 练习在 UG NX 8.0 中定制自己的工作环境风格。
4. 练习坐标系变换。

项目3 草图及曲线功能

创建草图及曲线是指在用户指定的平面上创建点、线等二维图形的过程。草图及曲线功能是 UG 特征建模的一个重要方法，比较适用于截面较复杂的特征建模。一般情况下，用户的三维建模都是从创建草图开始的，即先利用草图及曲线功能创建出特征的大略形状，再利用草图及曲线功能的几何约束和尺寸约束功能，精确设置草图的形状和尺寸。绘制草图完成后即可利用拉伸、回转或扫掠等功能，创建与草图关联的实体特征。用户可以对草图的几何约束和尺寸约束进行修改，从而快速更新模型。

本项目主要介绍在 UG NX 8.0 中创建草图及曲线的方法，其中包括约束和定位、操作、管理和编辑草图、曲线及高级曲线创建等。首先以具体任务作为知识点的引入，最后举例说明创建草图的步骤。

学习任务

利用曲线功能，绘制完成如图 3-1 所示的图形。

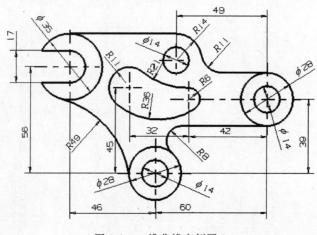

图 3-1　二维曲线实例图 1

3.1　草图功能

3.1.1　草图基本环境

在创建草图前，通常根据用户需要，需对草图基本参数进行重新设置。本节主要介绍草图基本参数的设置方法及草图工作界面的情况。

1. 进入与退出草图环境

1) 进入草绘模式

直接进入草绘模式的方式有以下两种：

(1) 单击"特征"工具栏中的"任务环境草图"图标 。

(2) 选择菜单栏"插入"→"任务环境草图"命令。

以上两种操作均会弹出"创建草图"对话框，如图 3-2 所示。

"类型"：有两种形式："在平面上"和"在轨迹上"。"在平面上"指草图绘制的平面选取在指定的实体平面或基准平面上。

"草图平面"：其中的"平面方法"指选择平面的方法，主要有"自动判断"、"现有平面"、"创建新平面"和"创建基本坐标系"四种。

"草图方向"：参考方向有水平和竖直——分别指绘图平面 X、Y 方向，如图 3-3 所示。

图 3-2　"创建草图"对话框

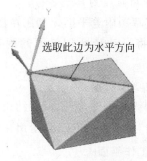

选取此边为水平方向

图 3-3　草图方向的设置

"草图原点"：通过指定点指定绘图坐标系原点。

"设置"：勾选"创建中间基准 CSYS"复选框则创建新的坐标系。

在"类型"右侧下拉箭头下选择"在轨迹上"，则弹出如图 3-4 所示的对话框，此时，所选取轨迹线与绘图平面垂直，如图 3-5 所示。

2. 创建草图的一般步骤

当需要参数化地控制曲线或通过建立标准几个特征满足设计需要时，通常需创建草图。草图创建过程因人而异，下面介绍其一般的操作步骤。

(1) 设置工作图层，即草图所在的图层。如果在进入草图工作界面前未进行工作图层的设置，则一旦进入草图工作界面，一般很难进行工作图层的设置。可在退出草图界面后，通过"移动到图层"功能将草图对象移到指定的图层。

图 3-4　草图类型为"在轨迹上"

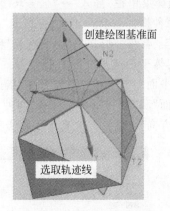

图 3-5　草图轨迹平面选择

（2）检查或修改草图参数预设置。

（3）进入草图界面。执行"插入"→"任务环境草图"命令，进入草图工作界面。在"草图生成器"工具栏的"草图名"文本框中，系统会自动命名该草图名。用户也可以便于管理将系统自动命名编辑修改为其他名称。

（4）设置草图附着平面。利用草图对话框，指定草图附着平面。一般情况下，指定草图平面后，系统将自动转换到草图的附着平面，用户也可以根据需要重新定义草图的视图方向。

（5）创建草图对象。

（6）添加约束条件，包括尺寸约束和几何约束。

（7）单击"完成草图"按钮，退出草图环境。

3．草图工作平面

草图工作平面是用于草图创建、约束和定位、编辑等操作的平面，是创建草图的基础。在菜单栏执行"插入"→"任务环境草图"命令，系统将弹出草图工作界面，如图 3-6 所示。

4．基本参数预设置

为了更准确有效地创建草图，需要对草图文本高度、原点、尺寸和默认前缀等基本参数进行编辑设置。

执行"任务"→"草图属性"命令，打开"草图样式"设置对话框，如图 3-7 所示，该对话框包括"尺寸标签"和"文本高度"选项等。

"尺寸标签"：指标注时尺寸的表达形式，主要有"表达式"、"名称"、"值"三种，如图 3-8 所示。其中"值"——尺寸标注时以数值的形式表达；"表达式"——尺寸标注时以表达式的形式表达；"名称"——尺寸标注时以名称的形式表达。如图 3-9 所示。

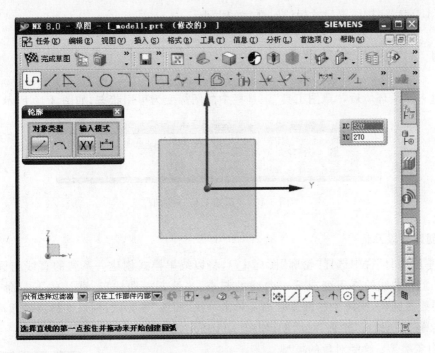

图 3-6 草图工作平面

图 3-7 "草图样式"设置对话框 1

图 3-8 "草图样式"对话框 2

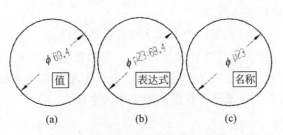

图 3-9 直径标注的三种表达形式

"文本高度"：指设置尺寸标注时文字的大小。

3.1.2　创建草图对象

在进入草绘环境后，"草图工具"工具栏中的图标变为可用状态，如图 3-10 所示。

图 3-10　"草图工具"对话框

1. 创建多段几何

在"草图工具"栏中选择"轮廓"图标 ⎍，将以线串模式创建一系列的直线与圆弧的连接几何。上一曲线的终点变成下一曲线的起点，当绘制一曲线后，默认的下一命令是"直线"，若要绘制圆弧，则每绘制圆弧时都要单击一次"圆弧"图标，否则系统将自动激活绘制直线。单击 ⎍ 后，弹出"轮廓"对话框，如图 3-11 所示。

1) 对象类型：绘制对象的类型

（1） ／直线：绘制直线。在绘图区用鼠标左键任意选择所绘制直线的两点，即绘制一条直线，鼠标中键结束直线绘制，如图 3-12 所示。

图 3-11　"轮廓"对话框

（2） ⌒圆弧：三点绘制圆弧。在绘图区用鼠标左键任意选择所绘制圆弧的三个点即绘制完成圆弧，如图 3-12 所示。

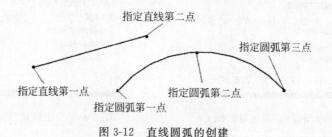

图 3-12　直线圆弧的创建

2) 输入模式：参数的输入模式

（1） XY 坐标模式：以 X,Y 坐标的方式来确定点的位置。

（2） ⊡ 参数模式：此模式在绘直线与圆弧时，其参数随之改变。

在绘制直线时，以相对于上一点的实际长度与 ＋X 轴的夹角来确定点的位置，在绘制圆弧时，以动态显示的弧半径或输入数值来确定弧的半径。

2. 直线、圆弧、圆

直线、圆弧的创建方法同轮廓的直线、圆弧方法，只是所创建直线为单段直线，而轮廓的直线为连续直线。

圆：单击圆命令图标 ○，弹出绘制圆对话框，如图 3-13 所示，其绘制方式有以下两种。

（1）圆心、直径方式：先绘制圆心位置，再输入/鼠标指定圆直径，如图 3-13 所示。

（2）三点定圆方式：输入/鼠标指定圆所在的三个点，如图 3-13 所示。

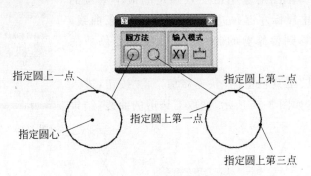

图 3-13　圆的创建

3. 派生直线

该选项是指由选定的一条或多条直线派生出其他直线。利用此选项可以对草图曲线进行偏置操作，可以两平行线中间生成一条与两条平行线平行的直线，也可以创建两条不平行直线的角平分线，下面分别介绍。

（1）偏置直线：选取要偏移的直线→输入偏移距离→生成偏移直线，如图 3-14（a）所示。

（2）创建两条平行线中间的平行线：分别选取两平行线→输入中间线的长度→生成中间直线，如图 3-14（b）所示。

（3）创建两条不平行直线之间的角平分线：分别选取两条成角度的直线→输入角平分线长度→生成两直线角平分线，如图 3-14（c）所示。

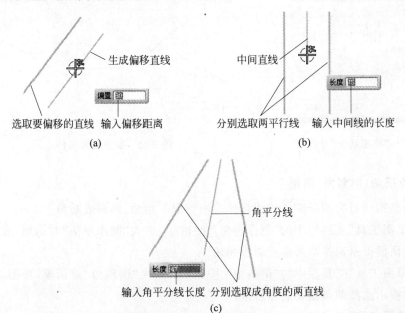

图 3-14　派生直线的操作

4. 快速修剪

该选项用于修剪草图对象中由交点确定的最小单位的曲线。可以通过单击鼠标左键并进行拖动来修剪多条曲线，也可以通过将光标移到要修剪的曲线上来预览将要修剪的曲线部分。

单击"草图工具"工具栏中的"快速修剪"  按钮，进入"快速修剪"对话框，如图 3-15 所示，选取需修剪的曲线，结果如图 3-16 所示。

图 3-15　"快速修剪"对话框

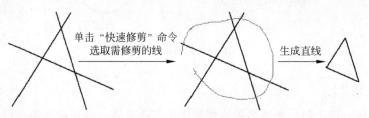

图 3-16　快速修剪操作

5. 快速延伸

使用该选项可以将曲线延伸到它与另一条曲线的实际交点或虚拟交点处。要延伸多条曲线，只需将光标拖到目标曲线上。

单击"草图曲线"工具栏中的"快速延伸"按钮 ，进入"快速延伸"对话框，如图 3-17 所示。"快速延伸"操作过程如图 3-18 所示。

图 3-17　"快速延伸"对话框

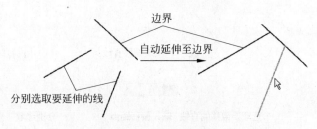

图 3-18　快速延伸操作

6. 制作拐角、倒斜角、圆角

该选项是指通过将两条输入曲线延伸或修剪成一拐角、斜角或圆角。

单击"草图工具"工具栏中的"制作拐角"按钮 ，进入"制作拐角"对话框，如图 3-19 所示。按照对话框提示选择两条曲线制作拐角。

单击"草图工具"工具栏中的"倒斜角"按钮 ，进入"倒斜角"对话框，如图 3-20 所示。按照对话框提示选择两条曲线制作斜角。

单击"草图工具"工具栏中的"圆角"按钮 ，进入"圆角"对话框，如图 3-21 所示。按照对话框提示选择两条或三条曲线制作圆角。

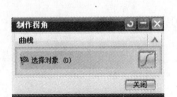

图 3-19　"制作拐角"对话框　　　图 3-20　"倒斜角"对话框　　　图 3-21　"圆角"对话框

7. 艺术样条

用于创建关联或者非关联的样条曲线,在创建艺术样条的过程中,可以指定样条的定义点的斜率或者曲率,也可以拖动样条的定义点或者极点。

单击"草图工具"工具栏中的"艺术样条"图标 ~,弹出"艺术样条"对话框,如图 3-22 所示。

创建艺术样条的方式有以下两种。

(1) 通过点创建的样条完全通过点,定义点可以捕捉存在点,也可用鼠标直接定义点,如图 3-23 所示。

(2) 用极点来控制样条的创建,极点数应比设定的阶次至少大 1,否则将会创建失败,如图 3-24 所示。阶次的数值关系调整曲线时影响曲线的范围。

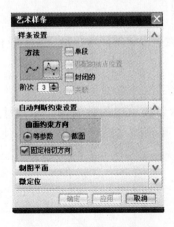

图 3-23　通过点的艺术样条

图 3-22　"艺术样条"对话框　　　　　图 3-24　通过极点的艺术样条

8. 创建椭圆

在"草图工具"工具栏中单击椭圆命令图标 ⊙。弹出"椭圆"创建对话框,如图 3-25 所示,各项含义如下。

(1) "中心": 通过点对话框指定椭圆中心。

（2）"大半径"/"小半径"：通过点对话框或半径输入对话框，指定椭圆长半轴/短半轴的长度，如图 3-26 所示。

图 3-25　"椭圆"对话框

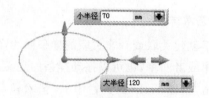

图 3-26　椭圆的创建

（3）"限制"：勾选"封闭"的复选框，则所生成的椭圆为全椭圆，取消"封闭的"复选框则可设置椭圆的起始角、终止角。

（4）"旋转"：以长半轴为水平方向定义一个旋转角度。

3.1.3　草图约束

草图约束常分为尺寸约束与几何约束，通过这些约束可以将草图准确地定义至设计意图。

1. 约束与自由度

1）约束与自由度的定义

没有约束的草绘对象会出现一些橙色的箭头，表示对象可以沿该箭头自由地移动。每一个箭头代表一个自由度，该箭头即称为自由度箭头。要消除草绘对象的自由度，使其位置固定，需为其加上相应的约束，如图 3-27 所示。

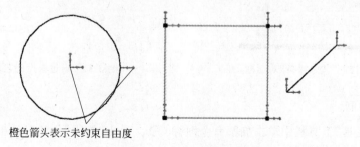

橙色箭头表示未约束自由度

图 3-27　节点及自由度

2）草图的 3 种约束状态

（1）欠约束草图：还存在自由度的草图，即草图上还有橙色箭头的草图。在状态栏提示草图还需要多少个约束时，才能正确了解草图的约束状态。在约束功能打开时，状态栏会显示约束的状态。

（2）充分约束：草图上没有自由度箭头，草图各对象都有唯一位置。状态上提示："草图已完全约束"。

（3）过约束草图：如果在充分约束的草图上再添加约束，则使草图存在多余约束，这时草图为过约束状态。状态栏上提示："草图上包含过约束的几何体"。

2. 尺寸约束

尺寸约束用于控制一个草图对象的尺寸或两个对象间的关系，相当于对草图对象进行尺寸标注。与尺寸标注不同之处在于尺寸约束可以驱动草图对象的尺寸，即根据给定尺寸驱动、限制和约束草图对象的形状和大小。

执行"插入"→"尺寸"→"自动判断"命令（或单击"草图约束"工具栏中的"自动判断"按钮），弹出"尺寸"工具栏，在该对话框中单击"尺寸"按钮，弹出"尺寸"对话框，如图 3-28 所示，共有 9 标注方法。限于篇幅，下面只介绍"自动判断尺寸"、"平行尺寸"、"垂直尺寸"、"角度尺寸"的标注。

（1）"自动判断尺寸"：系统能够根据用户所选择的内容对要生成的尺寸作出"最佳推断"。

单击如图 3-28 所示"自动判断尺寸"图标，分别选择如图 3-29 所示的各直线，再单击鼠标中键确认操作，则将分别标出水平、竖直及倾斜尺寸。

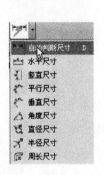

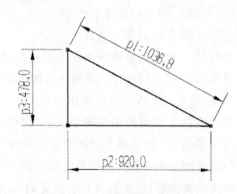

图 3-28　"尺寸"约束对话框　　　　　　图 3-29　自动判断尺寸标注

（2）"平行尺寸"/"垂直尺寸"：在两点间标注与特征平行/垂直的尺寸，单击 平行尺寸 / 垂直尺寸 命令图标，分别选取如图 3-30 所示的两直线，移动鼠标到适合位置，左键单击确认，创建平行/垂直尺寸。

（3）"角度尺寸"：指定两条直线之间的角度尺寸。

单击 角度尺寸 命令图标，分别选取如图 3-31 所示的两直线，移动鼠标到适合位置，左键单击确认，创建角度尺寸。

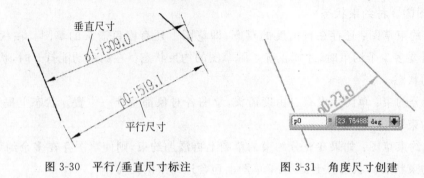

图 3-30　平行/垂直尺寸标注　　　　　图 3-31　角度尺寸创建

3. 几何约束

几何约束用于定位草图对象和确定草图对象之间的相互几何关系,分为约束和自动约束两种方法。单击"草图工具"工具栏中的"约束"按钮　,此时选取视图区需创建几何约束的对象后,即可进行有关的几何约束。

(1) 固定　:根据所选几何体的类型定义几何体的固定特性,如点固定位置、直线固定角度等。

(2) 完全固定　:约束对象所有的自由度。

(3) 重合　:定义两个或两个以上的点具有同一位置。

(4) 同心　:定义两个或两个以上的圆弧和椭圆弧具有同一中心。

(5) 共线　:定义两条或两条以上的直线落在或通过同一直线。

(6) 点在曲线上　:定义点的位置落在曲线上。

(7) 中点　:定义点的位置与直线或圆弧的两个端点等距。

(8) 水平　:将直线定义为水平。

(9) 竖直　:将直线定义为竖直。

(10) 平行　:定义两条或两条以上的直线或椭圆彼此平行。

(11) 垂直　:定义两条直线或两个椭圆彼此垂直。

(12) 相切　:定义两个对象彼此相切。

(13) 等长度　:定义两条或两条以上的直线具有相同的长度。

(14) 等半径　:定义两个或两个以上的弧具有相同的半径。

(15) 恒定长度　:定义直线具有恒定的长度。

(16) 恒定角度　:定义直线具有恒定的角度。

(17) 均匀比例　:移动样条的两个端点时(即更改在两个端点之间建立的水平约束的值),样条将按比例伸缩,以保持原先的形状。

(18) 不均匀比例　:移动样条的两个端点时(即更改在两个端点之间建立的水平约束的值),样条将在水平方向上按比例伸缩,而在竖直方向上保持原先的尺寸,样条将表现出拉伸效果。

在进行约束操作时一定要注意选择约束的对象,如图 3-32 所示,当相约束的对象是图元的两直线共点时,则选取时鼠标应尽量靠近图元的端点→在弹出约束对话框中选取"共点"图标　→两直线共点。

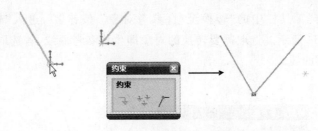

图 3-32　两图元共点操作

4. 显示/移除约束

该选项用于查看草图几何对象的约束类型和约束信息,也可以完全移除对草图对象的几何约束限制。

单击"草图工具"工具栏中"显示/移除约束"按钮 ,进入"显示/移除约束"对话框,如图 3-33 所示。

对话框中各选项的说明如下。

1)"约束列表"

(1)"选定的对象":一次选择显示约束的对象只能是一个对象。

(2)"选定的对象":一次选择显示约束的对象可以是多个对象。

(3)"活动草图中的所有对象":显示草图中所有对象的几何约束。

图 3-33　"显示/移除约束"对话框

2)"约束类型"

选择约束的类型。

(1)"包含":显示所选择的约束类型。

(2)"排除":显示未选择的约束类型。

3)"显示约束"

(1)"显示":显示用户添加的几何约束。

(2)"自动判断":显示系统自动产生的几何约束。

(3)"两者皆是":显示所有的几何约束。

4)"移除高亮显示的"

删除指定的几何约束。

5)"移除所列的"

删除列表中所有的几何约束。

6)"信息"

以独立的信息窗口显示更详细的信息。

5. 转换至/自参考对象

该选项是指将草图中的曲线或尺寸转换为参考对象,也可以将参考对象转换为正常的曲线或尺寸。有时在为草图对象添加几何约束和尺寸约束的过程中,有些草图对象和尺寸可能引起约束冲突,此时可以使用该选项来解决这个问题。

单击"草图工具"工具栏中的"转换至/自参考对象"按钮 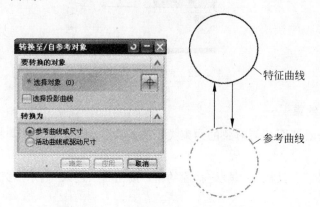，进入"转换至/自参考对象"对话框，如图 3-34 所示。选取需要转换的对象即生成参考曲线，若选取的曲线为"参考"曲线，则生成"特征"曲线。

特征曲线

参考曲线

图 3-34　"转换至/自参考对象"对话框

3.1.4　草图操作

前面介绍了草图的定位和约束功能，本节来介绍草图操作功能，包括镜像曲线、偏置曲线、添加现有的曲线和投影曲线等操作功能。

1. 镜像曲线

镜像曲线是指将草图几何对象以指定的一条直线为对称中心线，镜像复制成新的草图对象。镜像的对象与原对象形成一个整体，并且保持相关性。

在"草图"工作界面下，执行"插入"→"镜像曲线"命令（或单击"草图工具"工具栏中的"镜像曲线"按钮 ），进入"镜像曲线"对话框，如图 3-35 所示。

用户可以在绘图工作区选择镜像中心线和需镜像的草图对象，此时所选的镜像中心线变为参考对象并显示成浅色。单击"确定"按钮，则系统会将所选的草图几何对象按指定的镜像中心线进行镜像复制，如图 3-36 所示。

图 3-35　"镜像曲线"对话框

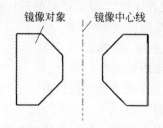

图 3-36　镜像曲线操作

2. 偏置曲线

偏置曲线是指对草图平面内的曲线或曲线链进行偏置，并对偏置生成的曲线与原曲线进行约束。偏置曲线与原曲线具有关联性，即对原曲线进行的编辑修改，所偏置的曲线也会自动更新。

在"草图"工作界面下,执行"插入"→"偏置曲线"命令(或单击"草图工具"工具栏中的"偏置曲线"按钮),进入"偏置曲线"对话框,如图 3-37 所示。

利用该对话框,用户可以在"距离"文本框中设置偏置的距离。然后单击需偏置的曲线,系统会自动预览偏置结果,如图 3-38 所示。如有需要,单击"反向"按钮,可以使偏置方向反向。

3. 添加现有的曲线

该选项用于将已有的不属于草图对象的点或曲线添加到当前的草图平面中。单击"草图工具"工具栏中的"添加现有曲线"按钮 添加现有曲线,进入"添加曲线"对话框,如图 3-39 所示。

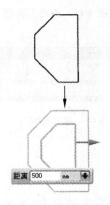
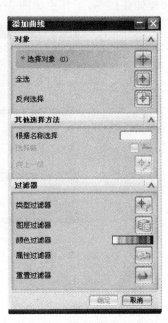

图 3-37　"偏置曲线"对话框　　　图 3-38　曲线偏置创建　　　图 3-39　"添加曲线"对话框

4. 投影曲线

投影曲线是指将能够抽取的对象(关联和非关联曲线和点或捕捉点,包括直线的端点以及圆弧和圆的中心)沿垂直于草图平面的方向投影到草图平面上。

在"草图"工作界面下,执行"插入"→"投影曲线"命令(或单击"草图工具"工具栏中的"投影曲线"按钮),进入"投影曲线"对话框,如图 3-40 所示。选择要投影的曲线或点,单击"确定"按钮,系统将曲线从选定的曲线、面或边上投影到草图平面,成为当前草图的对象。

图 3-40　"投影曲线"对话框

3.2　曲线功能

曲线作为创建模型的基础,在特征建模过程中应用非常广泛。可以通过曲线的拉伸、旋转等操作创建特征,也可以用曲线创建曲面进行复杂特征建模。在特征建模过程中,曲线也常用作建模的辅助线(如定位线、中心线等),另外,创建的曲线还可添加到草图中进行参数化设计。利用曲线生成功能,可创建基本曲线和高级曲线。利用曲线操作功能,可以进行曲线的偏置、桥接、相交、截面和简化等操作。利用曲线编辑功能,可以修剪曲线、编辑曲线参数和拉伸曲线等,工具栏如图 3-41 和图 3-42 所示。下面分别介绍这些曲线功能。

图 3-41　曲线工具栏

图 3-42　编辑曲线工具栏

3.2.1　曲线生成

曲线生成功能主要是指生成点、直线、圆弧、样条曲线、二次曲线、平面等几何要素。本节将介绍一些常用的曲线生成操作方法。通过本节的学习,可以完成常用曲线的生成工作。

1. 点

点是最小的几何构造元素,利用点不仅可以按一定次序和规律来生成直线、圆、圆弧和样条等曲线,也可以通过矩形阵列的点或定义曲面的极点来直接创建自由曲面。在 UNNX 8.0 中,点可以建立在任何地方,很多操作都需要通过指定点或定义点的位置来实现。

单击“插入”→“基准/点”→“点”(或单击“曲线”工具栏中的“点”按钮),进入“点构造器”对话框。用户可以在对话框的文本框中输入坐标值,从而确定点的位置,也可以在图形窗口中用选点方式直接指定一点来确定点的位置。具体点构造器的使用在前面已经讲过了,此处就不再讲解了。

2. 点集

点集是指利用现有几何体创建一组与之相对应的点。可以是对已有曲线上点的复制,也可以通过已有曲线的某种属性来生成其他点集。通常利用点集沿曲线、面或者在样条或面的极点处生成点,还可以重新创建样条的定义极点。

　　单击"插入"→"基准/点"→"点集"(或单击"曲线"工具栏中的"点集"按钮),进入"点集"对话框,如图 3-43 所示。系统在该对话框"类型"下拉列表框中提供了 3 种创建点集的类型,下面具体介绍。

　　曲线点:指定通过曲线上生成的点集,如图 3-44(a)所示。

　　样条点:指定通过曲线生成的极点点集,如图 3-44(b)所示。

　　曲面点:指定面上 U 方向和 V 方向生成的点集,如图 3-44(c)所示。

图 3-43　"点集"对话框

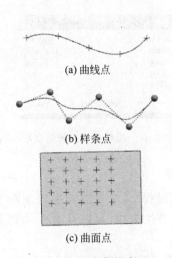

(a) 曲线点

(b) 样条点

(c) 曲面点

图 3-44　点集创建

3. 基本曲线

　　执行"插入"→"曲线"→"基本曲线"命令(或在"曲线"工具栏中单击"基本曲线"按钮),进入"基本曲线"对话框,如图 3-45 所示。主要有"直线"、"圆弧"、"圆"、"圆角"等的绘制。"直线"一般是指通过两个点构造的线段,其作为一个基本的构图元素,在实际建模中无处不在。例如,两点连线可以生成一条直线,两个平面相交可以生成一条直线等。还可以通过如图 3-46 所示的"跟踪条"分别输入直线起始点和终点坐标值创建直线,其他绘制方法与草图类似,这里不再详解。

4. 椭圆

　　椭圆是指与两定点的距离之和为一指定值的点的集合,其中两个顶点称之为焦点。默认的椭圆会在与工作平面平行的平面上创建。包括长轴和短轴,每根轴的中点都在椭圆的中心。椭圆的最长直径就是长轴;最短直径就是短轴。长半轴和短半轴的值指的是这些轴长度的一半。

图 3-45　"基本曲线"对话框

　　执行"插入"→"曲线"→"椭圆"(或单击"曲线"工具栏中"椭圆"按钮),进入"点"对话框,利用该对话框指定椭圆的中心,完成椭圆中心定义后,弹出"椭圆"对话框,如图 3-47 所示,椭圆创建结果如图 3-48 所示。

图 3-46　基本曲线"跟踪条"

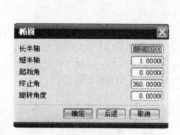

图 3-47　椭圆参数设置对话框

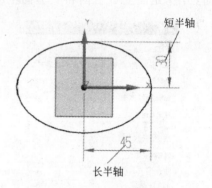

图 3-48　椭圆创建

5. 矩形

在建模过程中,常常需要生成矩形直接作为特征生成的截面曲线。其操作方法简单,可以通过点构造器定义两个对角点创建一个矩形。

单击"曲线"工具栏中的"矩形"按钮,进入"点"对话框。对话框提示定义矩形的第一个对角点,完成后定义第二个对角点,单击"确定"按钮即可,如图 3-49 所示。

图 3-49　矩形创建

6. 正多边形

正多边形是指所有内角和棱边都相等的简单多边形。其所有顶点都在同一个外接圆上,并且每一个多边形都有一个外接圆。常常用于创建螺母、螺钉等外形规则的特征。

单击"曲线"工具栏中的"多边形"按钮,进入"多边形"对话框,如图 3-50(a)所示。在该对话框中的"边数"文本框中输入所需多边形边数,这里输入"6",单击"确定"按钮,弹出又一"多边形"对话框,如图 3-50(b)所示。其中,"多边形边数"选项属于翻译错误,正确理解应是"多边形边长"。单击"多边形边数"选项,弹出如图 3-50(c)所示对话框,输入边长值为"15",在弹出的"点"对话框中指定多边形中心,则结果如图 3-51 所示。

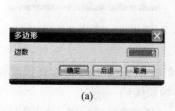

(a)

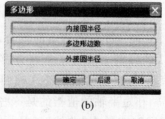

(b)

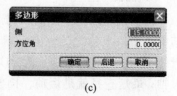

(c)

图 3-50　多边形对话框

7. 艺术样条

艺术样条是指通过拖放顶点和极点,并在定点指定斜率约束的曲线。该样条曲线多用于数字化绘图或动画设计,与"样条"曲线相比,艺术样条一般可以由很多点生成。

图 3-51 多边形创建

执行"插入"→"曲线"→"艺术样条"命令(或单击曲线工具栏中的"艺术样条"按钮),进入"艺术曲线"对话框,对话框及创建方法参照草图部分。

8. 样条

该选项是指利用一些指定点生成一条光滑曲线。通常在创建一些复杂的曲面时使用该选项。其是构造曲面的一种重要曲线,可以是二维的,也可以是三维的。创建方法与艺术样条类似,不同的是创建样条曲线为非参数。

单击"曲线"工具栏中的"样条"按钮,进入"样条"对话框,如图 3-52(a)所示。

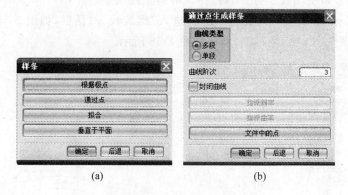

(a)   (b)

图 3-52 样条创建对话框

在该对话框中,系统提供了下面 4 种样条曲线的生成方式。

根据极点: 是指通过指定样条曲线的数据点(即极点),使样条向各个极点移动,但并不通过该点,端点处除外。

通过点: 是指利用设置样条曲线的数据点生成曲线,样条曲线通过这些定义的数据点。

拟合: 是指使用指定公差将样条与其数据点相"拟合"。样条不必通过这些点。

垂直于平面: 是指以正交于平面的曲线生成样条曲线。即生成的样条曲线通过并垂直于平面集中的各个平面。

单击任一种生成方式,弹出如图 3-52(b)所示对话框,下面简单介绍通过"文件中点"创建样条曲线,其他方法类似,不再叙述。

首先在记事本分别输入通过样条点 X、Y、Z 坐标值,如图 3-53 所示。输入时注意两点:

(1) 每个点的坐标值占据一行,X、Y、Z 坐标值间需有"空格",不能用","。

(2) 文件后缀名为 xxx.dat(设本次坐标点文件存为 aa.dat)。

进入如图 3-52(a)所示对话框→"通过点"→"文件中点"→在弹出"点文件"对话框中选 Project03/aa.dat→"确定",结果如图 3-54 所示。

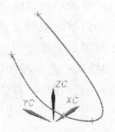

图 3-53 样条点输入 图 3-54 通过"文件中点"创建样条

9. 螺旋线

螺旋线是指一个由固定点向外旋绕而生成的曲线,具有指定圈数、螺距、弧度、旋转方向和方位的曲线。常常使用在螺杆、螺钉、弹簧等特征建模中。

单击"插入"→"曲线"→"螺旋线"按钮,进入"螺旋线"对话框,如图 3-55 所示。分别输入"圈数"5,"螺距"2,"螺旋半径"8,结果如图 3-56 所示。

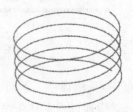

图 3-55 "螺旋线"对话框 图 3-56 螺旋线创建

10. 文本

在工程实际设计过程中,为了便于区分多个不同零件,通常采取对其进行刻印零件编号的方法。另外对某些需要特殊处理的地方,一般添加文字附加说明。出于相同的原因,在UG 建模过程中,有时也需要使用"文本"命令在模型上添加文字说明。

执行"插入"→"曲线"→"文本"命令(或单击"文本"按钮),进入"文本"对话框,如图 3-57所示。在 UG NX 8.0 中,系统提供了 3 种创建文本类型,下面分别介绍。

平面的:指创建的文本在二维平面上,如图 3-58(a)所示。

在曲线上:通过指定二维或三维曲线,生成文本在指定曲线上,如图 3-58(b)所示。

在面上:通过指定二维或三维曲面和曲面上的曲线,生成文本在指定曲面上,如图 3-58(c)所示。

文本属性:输入文本字,如图 3-58"UG NX 8.0 文字创建"字样。

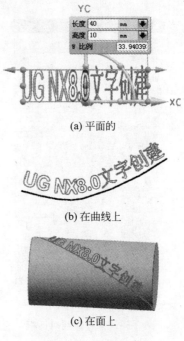

(a) 平面的

(b) 在曲线上

(c) 在面上

图 3-58　文本创建

图 3-57　"文本"对话框

3.2.2　曲线操作

曲线操作是指对已存在的曲线进行几何运算处理,如曲线偏置、桥接、投影、合并等。在曲线生成过程中,由于多数曲线属于非参数性曲线类型,一般在空间中具有很大的随意性和不确定性。通常创建完曲线后,并不能满足用户要求,往往需要借助各种曲线的操作手段来不断调整,从而满足用户要求。本节将介绍曲线操作的常用方法。

1. 偏置

偏置曲线是指对已有的二维曲线(如直线、弧、二次曲线、样条线以及实体的边缘线等)进行偏置,得到新的曲线。可以选择是否使偏置曲线与原曲线保持关联,如果选择"关联"选项,则当原曲线发生改变时,偏置生成的曲线也会随之改变。曲线可以在选定几何体所定义的平面内偏置,也可以使用拔模角和拔模高度选项偏置到一个平行平面上,或者沿着指定的"3D 轴向"矢量偏置。多条曲线只有位于连续线串中时才能偏置。生成的曲线的对象类型与其输入曲线相同。如果输入线串为线性的,则必须通过定义一个与输入线串不共线的点来定义偏置平面。

单击"曲线"工具栏中的"偏置"按钮,进入"偏置曲线"对话框,如图 3-59 所示。同时,所选择的曲线上出现一箭头,表示偏置方向。如果向相反的方向偏移,则单击对话框中的"反向"按钮。设置偏置方式,并设定相应的参数,单击"确定"即可,如图 3-60 所示。

2. 桥接

桥接是指在现有几何体之间创建桥接曲线并对其进行约束。可用于光顺连接两条分离的曲线(包括实体、曲面的边缘线)。在桥接过程中,系统实时反馈桥接的信息,如桥接后的曲线形状、曲率梳等,有助于分析桥接效果。

图 3-59　偏置曲线对话框

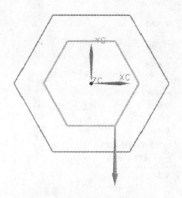

图 3-60　偏置曲线创建

单击"曲线"工具栏中的"桥接曲线"按钮,进入"桥接曲线"对话框,如图 3-61 所示。通过选择分离两条线端点即可连接两曲线并与之相切,如图 3-62 所示。

图 3-61　"桥接曲线"对话框

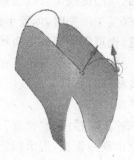

图 3-62　桥接创建

3. 投影

投影是指将曲线或点沿某一个方向投影到已有的曲面、平面或参考平面上。投影之后,系统可以自动连接输出的曲线,但是如果投影曲线与面上的孔或面上的边缘相交,则投影曲线会被面上的孔或边缘所修剪。

单击"曲线"工具栏中的"投影"按钮,进入"投影曲线"对话框,如图 3-63 所示。

选择要投影的曲线→指定投影方向,创建结果如图 3-64 所示。

4. 抽取

该选项是指使用一个或多个现有实体的边和表面生成直线、圆弧、二次曲线和样条等几何体。大多数抽取曲线是非关联的,但也可选择创建关联的等斜度曲线或阴影轮廓曲线。

单击"曲线"工具栏中的"抽取"按钮,进入"抽取曲线"对话框,如图 3-65 所示。

在该对话框中,系统提供了 6 种抽取曲线的方式,下面介绍常用几种。

图 3-63　"投影曲线"对话框

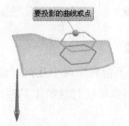

图 3-64　投影曲线创建

图 3-65　"抽取曲线"对话框

边曲线:通过选择实体或片体边缘抽取曲线。

等参数曲线:通过面的 U/V 方向,分别抽取 U/V 方向的曲线,如图 3-66(a)所示。

工作视图中的所有边:指当前实体或片体在工作视图中能看见的边缘均可抽取曲线,如图 3-66(b)所示为球体在当前实体抽取的最大轮廓线,在模具设计中常用于抽取分型线。

等斜度曲线:通过设置实体的拔模斜度,确定抽取的曲线,单击"等斜度"→弹出如图 3-67 所示的"矢量"对话框→设置拔模方向→选取要抽取的曲线实体或曲面→弹出如图 3-68 所示的"等斜度角"设置对话框→分别设置角度为 10°、20°,结果如图 3-66(c)所示。

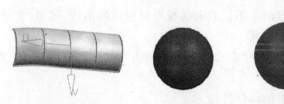

(a) U 方向为5的等参数　　(b) 工作视图抽取曲线　(c) 等斜度抽取曲线

图 3-66　抽取曲线对话框

图 3-67 等斜度"矢量"创建对话框　　图 3-68 "等斜度角"设置对话框

5. 相交

该选项是指利用两个几何对象相交,生成相交曲线。执行"插入"→"来自体集的曲线"→"相交"命令(或单击"曲线"工具栏中的"相交曲线"按钮,打开"相交曲线"对话框)。如图 3-69 所示。

下面举例介绍相交曲线的操作过程。

打开文件 Project03/tu3-84.prt,如图 3-70(a)所示→单击"曲线"工具栏中的"相交曲线"按钮→进入"相交曲线"对话框→选择如图 3-70(a)所示 A 面为第一组面→选择 B 面为第二组面→"确定",结果如图 3-70(b)所示。

图 3-69 "相交曲线"对话框

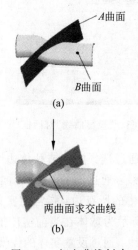

图 3-70 相交曲线创建

6. 组合投影

"组合投影"曲线是通过两个不同方向的投影而创建的曲线,通过"组合投影"命令可以精确地控制曲线两个方向的形状。

在主菜单栏中选择"插入"→"来自曲线集的曲线"→"组合投影"命令,弹出"组合投影"对话框,如图 3-71 所示。

下面举例介绍组合投影的操作过程。

打开文件 Project03/tu3-86.prt,如图 3-72(a)所示→"插入"→"来自曲线集的曲线"→

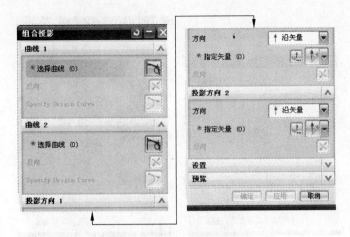

图 3-71　"组合投影"对话框

"组合投影"命令→进入"组合投影"对话框→选择如图 3-72(a)所示曲线 4 为第一投影曲线→曲线 5 为第二投影曲线(系统默认设置"垂直于曲线所在平面"为曲线投影矢量)→"确定",同理选择曲线 2 为第一投影曲线→曲线 6 为第二投影曲线,隐藏曲线 2、曲线 4、曲线 5、曲线 6,结果如图 3-72(b)所示。

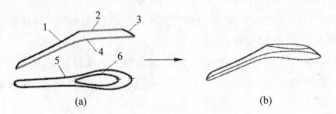

图 3-72　组合曲线创建

3.2.3　编辑曲线

在曲线创建完成后,一些曲线之间的组合并不满足设计需求,这就需要用户根据设计要求,通过各种编辑曲线方式来修改调整曲线。本节就对一些常用编辑曲线的方式进行介绍。

1. 编辑曲线参数

该选项是指利用直线、圆/圆弧和样条的参数化设置来编辑修改曲线的形状和大小。

单击"编辑曲线"工具栏中的"编辑曲线参数"按钮,进入"编辑曲线参数"对话框,如图 3-73 所示,选择要编辑的曲线→弹出如图 3-74 所示的对话框(所选曲线对象不同,对话框也不相同)。

图 3-73　"编辑曲线参数"对话框

2. 修剪曲线

修剪曲线是指根据指定的用于修剪的边界实体和曲线分段来调整曲线的端点。可以修

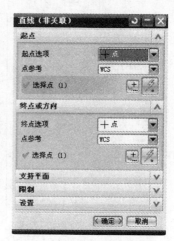

(a) 选择曲线为样条曲线　　　　　　(b) 选择曲线为基本直线

图 3-74　编辑曲线参数操作对话框

剪或延伸直线、圆弧、二次曲线或样条，也可以修剪到（或延伸到）曲线、边缘、平面、曲面、点或光标位置，还可以指定修剪过的曲线与其输入参数相关联。当修剪曲线时，可以使用体、面、点、曲线、边缘、基准平面和基准轴作为边界对象。

　　单击"编辑曲线"工具栏中的"修剪曲线"按钮，进入"修剪曲线"对话框，如图 3-75 所示。

　　下面举例介绍相交曲线的操作过程。

　　进入"修剪曲线"对话框→选取曲线 3 为修剪曲线（选择时鼠标相对于边界所在侧为曲线保留侧，本实例鼠标选取位置位于最右端）→选择如图 3-76（a）所示曲线 1 为边界对象 1→选择曲线 2 为边界对象 2→"确定"，结果如图 3-76（b）所示。

图 3-75　"修剪曲线"对话框

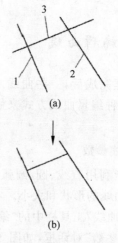

图 3-76　修剪曲线创建

3. 修剪拐角

　　该选项主要用于两条不平行的曲线在其交点形成拐角。可以是相交曲线，也可以是不相交曲线。单击"编辑曲线"工具栏中的"修剪拐角"按钮，弹出"修剪拐角"对话框，用户利用该对话框提示选取需要修剪的曲线。

　　修剪拐角时,移动鼠标,使选择球同时选中欲修剪的两曲线,且选择球中心位于欲修剪的角部位,单击鼠标左键,完成修剪拐角操作,如图 3-77 所示。

4. 分割曲线

　　该选项用于将曲线分割为多段独立的曲线段。所创建的每个分段都是单独的实体,并且与原始线使用相同的线型。新的对象和原始曲线放在同一图层上。分割曲线是非关联操作,如果对样条曲线执行分割曲线操作,则样条的定义点将被删除。

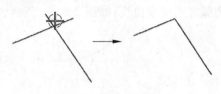

图 3-77 修剪角创建

　　单击“编辑曲线”工具栏中的“分割曲线”按钮,进入“分割曲线”对话框,如图 3-78 所示。

　　在对话框“类型”下拉列表框中,系统提供了 5 种分割曲线的类型,如图 3-79 所示。

图 3-78 “分割曲线”对话框

图 3-79 分割曲线类型对话框

5. 曲线长度

　　曲线长度是指通过指定弧长增量或总弧长方式来改变曲线的长度。其同样具有延伸曲线和裁剪曲线的双重功能。

　　单击“编辑曲线”工具栏中的“曲线长度”按钮,进入“曲线长度”对话框,如图 3-80 所示。

　　曲线延伸方法主要有“自然”、“线性”、“圆形”三种类型,如图 3-81 所示。

图 3-80 曲线长度对话框

图 3-81 曲线长度延伸方法对话框

自然：曲线延伸后与原有曲线的走向保持一致，如图 3-82（a）所示。

线性：曲线延伸后为一条与原有曲线相切的直线，如图 3-82（b）所示。

圆形：曲线延伸后与原有曲线的走向保持一致，如延伸后曲率太大，则延伸后曲线将以圆弧方式生成曲线，如图 3-82（c）所示。

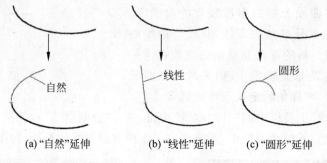

(a)"自然"延伸　　　　　(b)"线性"延伸　　　　(c)"圆形"延伸

图 3-82　曲线长度创建

任务分析及实施

1. 任务分析

本任务主要是要求学员掌握如何在草图环境中绘制圆、圆弧及直线的图形组合问题。根据 UG NX 8.0 软件的特点，绘制二维图形需要进行两种约束。第一是位置约束，第二是几何约束。

根据笔者多年运用 UG 软件的经验：一般在草图环境绘制二维图形时，只要按照以下几点要求，遇到的问题便会迎刃而解。

（1）先绘制基准图元再绘制其他图元。

（2）按照循序渐进、逐步完成的步骤进行绘制，即先绘制完成好每个图元的相关条件再进行另外的图元绘制。

（3）先整体再局部。

（4）先进行位置约束再进行几何约束。

（5）对于有三个都相切的图元，应该先绘制两边图元，再绘制中间的一个图元。

2. 任务实施

根据本项目所学知识点及任务分析，其绘制步骤如下。

（1）新建文件。单击"新建"→在新建对话框"文件名"中输入"Sampl_1.prt"→在"文件夹"处打开所需存放文件的目录，如 F：\UG→"确定"。

（2）进入草图环境。单击"任务环境草图"图标 ▦（或菜单栏"插入"→"任务环境草图"）→"确定"→进入草图环境绘图区。

（3）分别绘制右端圆 ϕ28、ϕ14 并进行相应约束。关闭"自动标注尺寸"图标 ▦ →单击绘制"圆"命令图标 ◯ →分别绘制圆 ϕ28、ϕ14，圆心位于坐标系原点→单击"自动判断尺寸"命令图标 ▦ →分别选取所绘制的圆，设置尺寸为 ϕ28、ϕ14，如图 3-83 所示。

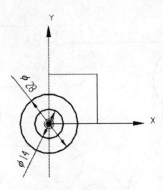

图 3-83　圆的绘制

（4）利用圆、圆弧及直线命令，分别绘制圆$\phi28$、$\phi14$、$\phi36$、$\phi17$及圆弧和直线，并进行相应约束。

单击绘制"圆"命令图标 ◯ →分别绘制下端圆$\phi28$、$\phi14$→点击"约束"命令图标→分别选取$\phi28$、$\phi14$圆，在弹出的约束对话框中选取"同心圆"命令图标 ◎ 进行同心圆约束→单击"自动判断尺寸"命令图标 →分别选取所绘制的圆，设置尺寸为$\phi28$、$\phi14$。

用同样的方法，分别绘制圆$\phi14$、$\phi36$、$\phi17$、直线及圆弧$R14$，并进行相应约束。

单击"快速修剪"命令图标 →选择左上端要修剪的$\phi36$圆及直线，结果如图 3-84 所示。

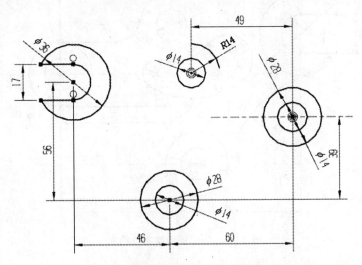

图 3-84　圆、圆弧及直线组合的绘制

（5）单击"直线"命令图标 →绘制各水平直线→单击"约束"命令图标 ，分别选取直线和圆$\phi36$、直线和圆弧$R14$，在弹出的约束对话框中选择相切命令图标 ◯（注意：每次只能进行两个图元的约束）。

单击绘制"圆弧"命令图标 →分别绘制圆弧$R49$、$R11$、$R8$，→单击"约束"命令图标 →分别约束其相切，结果如图 3-85 所示。

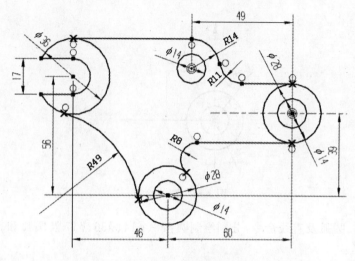

图 3-85　圆弧绘制及相切约束

（6）单击绘制"圆弧"命令图标 ↘ →分别绘制圆弧 R6、R11、R21、R36，→单击"约束"命令图标 ⟋ →分别约束其相切→并标注相应尺寸，结果如图 3-86 所示。

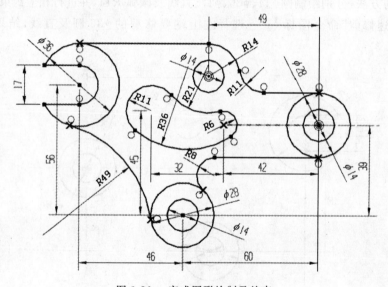

图 3-86　完成图形绘制及约束

知识巩固应用举例

1. 实例一：利用草图曲线功能绘制完成如图 3-87 所示的图形。

绘制步骤如下。

（1）新建文件。单击"新建"→在新建对话框的"文件名"中输入"Sampl_2.prt"→在"文件夹"处打开所需存放文件的目录，如 F：\UG→"确定"。

（2）进入草图环境。单击"任务环境草图"图标 🖳（或菜单栏"插入"→"任务环境草

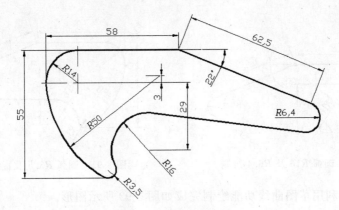

图 3-87 二维曲线实例图 2

图")→"确定"→进入草图环境绘图区。

(3) 绘制 $R14$ 圆弧并进行相关约束。

关闭"自动标注尺寸"图标 ![icon]→单击绘制"圆弧"命令图标 ![icon]→绘制圆弧。

单击"约束"命令图标 ![icon]→选取 $R14$ 圆弧圆心→选取坐标系原点,在弹出的约束对话框中选取"共点"命令图标 ![icon]。

单击"自动判断尺寸"命令图标 ![icon],选取绘制圆弧并设置半径值为 $R14$,如图 3-88 所示。

(4) 绘制另两条直线及 $R50$ 圆弧

单击"直线"命令图标 ![icon],绘制直线→单击"约束"命令图标 ![icon]约束,分别选取水平线和圆弧 $R14$,在弹出的约束对话框中选取相切命令图标 ![icon]。

单击"自动判断尺寸"命令图标标 ![icon]注尺寸 58、62.5 及 22°。

单击绘制"圆弧"命令图标 ![icon]→绘制 $R50$ 圆弧,分别进行相切约束及尺寸标注,如图 3-89 所示。

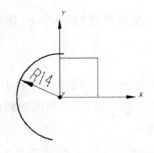

图 3-88 $R14$ 圆弧绘制

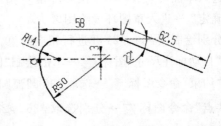

图 3-89 直线及 $R50$ 圆弧绘制

(5) 绘制圆弧 $R16$ 及圆弧 $R6.4$,分别进行相切约束及尺寸标注,方法同步骤(3)和步骤(4),如图 3-90 所示。

(6) 绘制圆弧 $R3.5$ 及直线,并进行相切约束及尺寸标注,方法同步骤(3)和步骤(4),如图 3-91 所示。

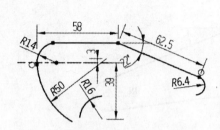

图 3-90　圆弧 R16 及 R6.4 绘制

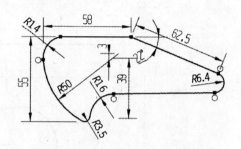

图 3-91　圆弧 R3.5 及直线绘制

2. 实例二：利用草图曲线功能绘制完成如图 3-92 所示图形。

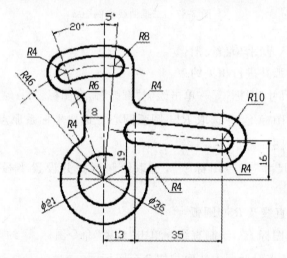

图 3-92　二维曲线实例图 3

绘制步骤如下。

（1）新建文件。单击"新建"→在新建对话框的"文件名"中输入"Sampl_3.prt"→在"文件夹"处打开所需存放文件的目录，如 F：\UG→"确定"。

（2）进入草图环境。单击"任务环境草图"图标 █（或菜单栏"插入"→"任务环境草图"）→"确定"→进入草图环境绘图区。

（3）分别绘制圆 φ36、φ21 并进行相应约束。

关闭"自动标注尺寸"图标 █→单击绘制"圆"命令图标→分别绘制圆 φ36、φ21。

单击"约束"命令图标 █→选取 φ36 圆弧圆心→选取坐标系原点，在弹出的约束对话框中选取"共点"命令图标 █→分别选取 φ36、φ21 圆，在弹出的约束对话框中选取"同心圆"命令图标 ◎，→单击"自动判断尺寸"命令图标 █→分别选取圆，设置尺寸为 φ36、Φ21，如图 3-93 所示。

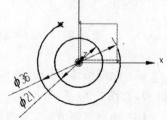

图 3-93　φ36、φ21 绘制

（4）绘制圆弧 R4、R10 及其相关直线→进行相切、同心圆，平行等约束，方法同步骤（3）→标注相应尺寸，如图 3-94 所示。

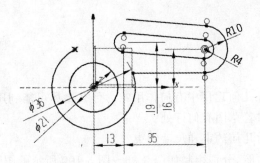

图 3-94　圆弧、直线绘制及约束

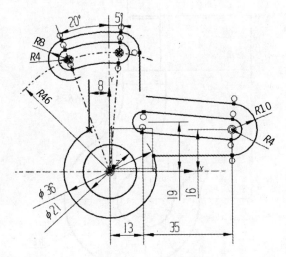

图 3-95　圆弧、直线绘制及约束

（5）分别创建与 Y 轴成 5°、20°的直线，以及圆弧 $R46$ 基准线。

分别绘制与 Y 轴成 5°、20°的直线，以及圆弧 $R46$→标注尺寸 5°、20°、$R46$→选取 5°、20°的直线，以及圆弧 $R46$→右击→在弹出的快捷菜单中选取"转换为引用" 转换为引用 →完成基准线的创建。

（6）绘制圆弧 $R4$、$R8$ 及其相关圆弧、直线→进行相切、同心圆等约束，方法同步骤（3）→标注相应尺寸，如图 3-95 所示。

（7）单击"倒角"命令图标 →分别倒 $R4$、$R6$ 圆角，如图 3-92 所示。

小结

本项目主要讲述草图的基本工作环境、草图曲线的创建、草图定位和约束及其操作以及曲线功能等。在后面的建模过程中，经常将特征建模和草图结合起来，通过草图功能绘制大概的曲线轮廓，然后对近似的曲线轮廓进行尺寸和几何约束来准确地表达用户的设计意图，再辅以拉伸、旋转和扫描等实体建模方法来创建模型。因此，对本项目内容应重点掌握。

思考练习

1. 草图绘制在 UG 几何建模中有何作用？为什么要尽可能利用草图进行零件设计？
2. 在草图中重新附着草图有何好处？
3. 如何进行草图的几何约束和尺寸约束？
4. 利用草图曲线功能，分别绘制如图 3-96～图 3-100 所示的图形。

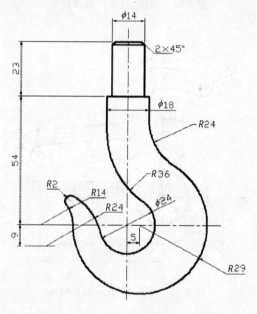

图 3-96　练习图 1

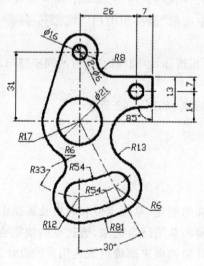

图 3-97　练习图 2

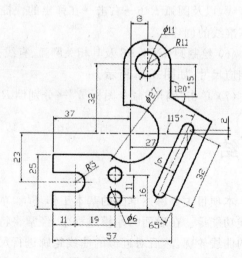

图 3-98　练习图 3 图

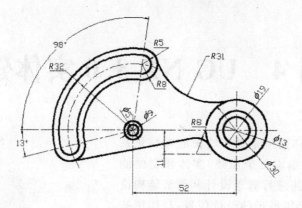

图 3-99 练习图 4

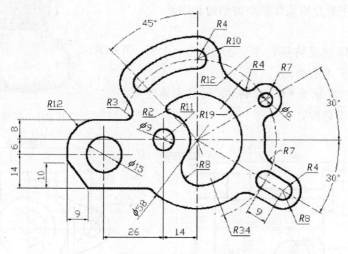

图 3-100 练习图 5

项目 4　UG NX 8.0 实体建模

UG NX 8.0 实体建模是基于特征的参数化系统，具有交互创建和编辑复杂曲线、实体模型的能力，能够帮助用户快速进行概念设计和细节结构设计。另外系统还将保留每步的设计信息，与传统基于线框和实体的 CAD 系统相比，具有特征识别的编辑功能。本项目主要介绍实体模型的创建和编辑。

学习任务

（1）利用实体建模特征命令，完成如图 4-1 所示的"咖啡杯"的三维造型。

（2）如图 4-2 所示为"泵体"铸件，利用实体建模特征完成其三维造型。

图 4-1　咖啡杯

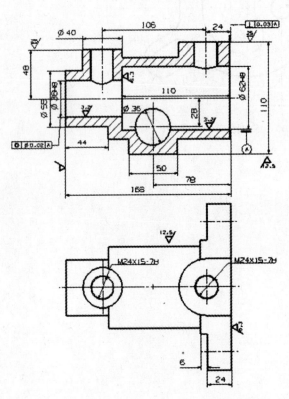

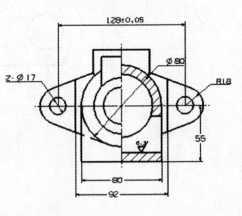

图 4-2　泵体

4.1 实体特征

实体特征包括拉伸体、回转体、沿轨迹扫掠体和管道等特征,如图 4-3 所示。其特点是创建的特征与截面曲线或引导线是相互关联的,当其用到的曲线或引导线发生变化时,产生的特征也将随之变化。下面具体介绍几个常用的特征。

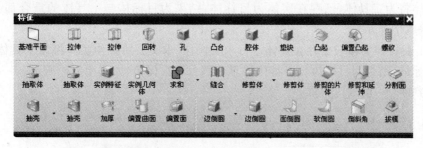

图 4-3 "特征"工具栏

4.1.1 拉伸

沿矢量方向拉伸一个截面以创建拉伸特征。进入拉伸实体创建模式的方式通常有两种:一种是在菜单栏中选择"插入"→"设计特征"→"拉伸"命令;另一种是在工作窗口中单击"特征"工具栏中的"拉伸"图标 。弹出"拉伸"对话框,如图 4-4 所示。

1. 拉伸截面

拉伸截面有两种方式,一种是通过选择曲线命令图标 ,选择已经绘制好的截面线;另一种是通过草图命令图标 新建截面线。

2. 拉伸方向

通过矢量可设置拉伸的任意方向。

3. 限制

开始:通过设定起始距离,指定拉伸截面起始值。

结束:通过设定结束距离,指定拉伸截面结束值。

如图 4-5 所示。

4. 布尔运算

选择布尔下拉箭头,弹出如图 4-6 所示对话框,总共有 5 种形式,系统默认为"自动判断",下面分别加以介绍。

无:所拉伸实体不进行布尔操作,如图 4-7 所示。

求和:所拉伸实体与已存在实体进行求和操作,求和后实体成为一整体,如图 4-8(a)所示。

求差:所拉伸实体与已存在实体进行求差操作,求差后

图 4-4 "拉伸"对话框

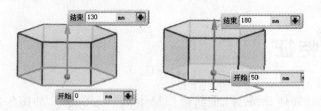

图 4-5   拉伸起始/结束距离创建

所拉伸实体将为工具体,已存在实体为目标体,结果为目标体与工具体的重合部分将被去除,如图 4-8(b)所示。

求交:所拉伸实体与已存在实体进行求交操作,求交后所拉伸实体将为工具体,已存在实体为目标体,结果为目标体与工具体的重合部分将被保留,如图 4-8(c)所示。

自动判断:一般默认为求和。

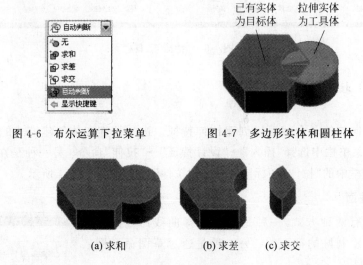

图 4-6   布尔运算下拉菜单   图 4-7   多边形实体和圆柱体

(a) 求和   (b) 求差   (c) 求交

图 4-8   布尔运算操作

5. 拔模

通过右侧下拉箭头,指定与拉伸方向成一定角度的拔模斜度,如图 4-9(b)所示。

(a) 未拔模   (b) 设置拔模角10°   (c) 拔模角10°实体

图 4-9   拔模斜度操作

6. 偏置

单击"偏置"右侧下拉箭头,弹出"无"、"单侧"、"两侧"和"对称"下拉选项,其含义解释如下。

无：所拉伸实体不进行偏置，如图 4-10 所示。

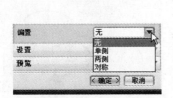

图 4-10　偏置为"无"

单侧：根据所设定偏置距离，所拉伸实体将往外/内侧进行单向偏置，如图 4-11(a)所示。

两侧：根据所设定不同边的偏置距离，所拉伸实体将分别往外，内侧进行双向偏置，如图 4-11(b)所示。

对称：根据所设定偏置距离，所拉伸实体将同时往外、内侧进行双向对称偏置，如图 4-11(c)所示。

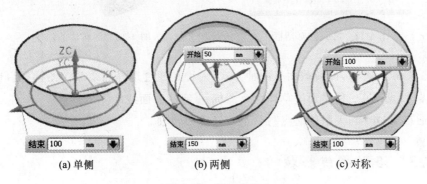

(a) 单侧　　　　　　(b) 两侧　　　　　　(c) 对称

图 4-11　偏置操作

7. 设置

体类型："实体"——当拉伸截面线为封闭时，拉伸结构将为实体；"片体"——无论当拉伸截面线是否为封闭，拉伸结果都将是曲面而非实体。

公差：所设置公差值为当前允许拉伸截面线间的最小连接距离。

4.1.2　回转

回转操作与拉伸操作类似，不同在于使用此命令可使截面曲线绕指定轴回转一个非零角度，以此创建一个特征。可以从一个基本横截面开始，然后生成回转特征或部分回转特征。

执行"插入"→"设计特征"→"回转"命令(或单击"特征"工具栏中的"回转"图标)，进入"回转"对话框，如图 4-12 所示，各项含义与拉伸相同。选择曲线和指定矢量，并设置回转参数。单击"确定"按钮完成回转体创建，如图 4-13 所示。

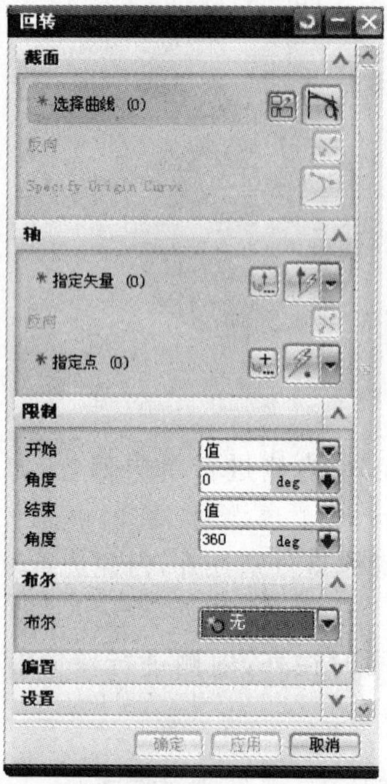

图 4-12　“回转”对话框

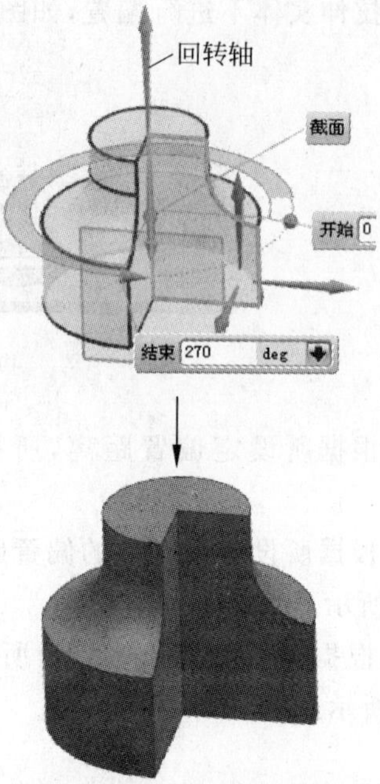

图 4-13　回转体的创建

截面：与拉伸类似，回转截面有两种方式，一种是通过选择曲线命令图标，选择已经绘制好的截面线；另一种是通过草图命令图标新建截面线。

轴：通过“矢量”和矢量的起点“指定点”确定回转轴。

4.1.3　沿引导线扫掠

沿引导线扫掠与前面介绍的拉伸和回转类似，也是将一个截面图形沿引导线运动来创造实体特征。此选项允许用户通过沿着由一个或一系列曲线、边或面构成的引导线串（路径）拉伸开放的或封闭的边界草图、曲线、边缘或面来创建单个实体。该工具在创建扫描特征时应用非常广泛和灵活。

执行“插入”→“扫掠”→“沿引导线扫掠”命令（或单击“特征”工具栏中的“沿引导线扫掠”按钮），进入“沿引导线扫掠”对话框。选择截面曲线和引导线。如图 4-14 所示。

创建过程如图 4-15 所示。

4.1.4　管道

管道是指通过沿着一个或多个相切连续的曲线或边扫掠一个圆形横截面来创建单个实体。用户可以使用此选项来创建线捆、线束、管道、电缆或管道等模型。

执行“插入”→“扫掠”→“管道”命令（或单击“特征”工具栏中的“管道”按钮），进入“管道”对话框，如图 4-16 所示。

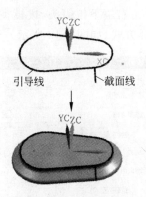

图 4-14　"沿引导线扫掠"对话框　　　　图 4-15　沿引导线扫掠创建

指定如图 4-17 所示曲线,在"外径"和"内径"文本框内输入数值 50、30。单击"确定"按钮,完成管道的创建。

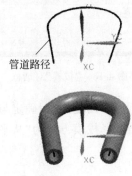

图 4-16　"管道"对话框　　　　图 4-17　管道创建

4.2　特征操作

特征操作是对已创建特征模型进行局部修改,从而对模型进行细化,即在特征建模的基础上增加一些细节的表现,因此有时也叫细节特征。通过特征操作,可以用简单的特征创建比较复杂的特征实体。常用的特征操作有拔模、倒圆角、倒斜角、镜像、阵列、螺纹、抽壳、修剪和拆分等,下面分别介绍。

4.2.1　拔模

拔模是将指定特征模型的表面或边沿指定的方向倾斜一定的角度。该操作通常广泛应用于机械零件的铸造工艺和特殊型面的产品设计中,可以应用于同一个实体上的一个或多个要修改的面和边。

执行"插入"→"细节特征"→"拔模"命令(或单击"特征操作"工具栏中的"拔模"按钮
 拔模),进入"拔模"对话框,如图 4-18 所示。

类型:单击右端下拉箭头,拔模类型主要有"从平面"、"从边"、"与多个面相切"、"至分
型边"4 种选择方式,如图 4-19 所示。

图 4-18 "拔模"对话框

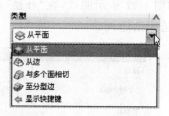

图 4-19 拔模类型下拉菜单

脱模方向:通过指定矢量,确定与拔模成角度的方向。

固定面:当选择拔模方式为"从平面"时,此时拔模起始面和拔模面为"选择面"的方式,
如图 4-20 所示。

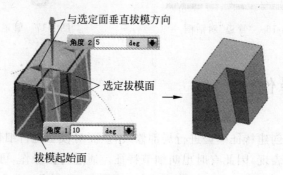

图 4-20 从平面拔模

当选择拔模方式为"从边"时,拔模为"选择边"的方式,还可以通过所选的边位置不同设
置不同拔模角,如图 4-21 所示。

当选择拔模方式为"与多个面相切"时,选择拔模面从相切面开始起模,如图 4-22 所示。

当选择拔模方式为"至分型边"时,此时为"选择分型边"的方式,如图 4-23 所示。

添加新集:单击"添加新集"图标 ,可以设置不同拔模角。具体操作为:选择要拔模的

面设置拔模角→单击"添加新集"图标 →选择要拔模的其他面,设置拔模角,如图 4-20 所示。

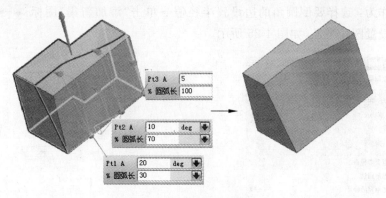

图 4-21　选定边拔模

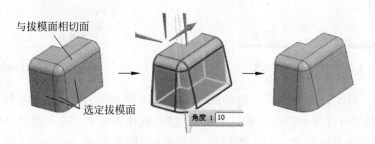

图 4-22　与多个面相切拔模

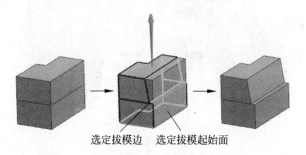

图 4-23　至分型边拔模

4.2.2　倒圆角

倒圆角是为了零件方便安装、避免划伤和防止应力集中,采取在零件设计过程中,对其边或面进行倒圆角操作,该特征操作在工程设计中应用广泛。在 UG NX 7.5 中系统提供了 3 种倒圆角操作,下边详细介绍。

执行"插入"→"细节特征"→"边倒圆"命令(或单击"特征操作"工具栏中的"边倒圆"按钮 边倒圆),进入"边倒圆"对话框,如图 4-24 所示。

选择边:选择要倒圆角的边,如果每边所倒圆角大小相同,则把所要倒圆角边选中,输入圆角半径值→确定→倒圆角完成。

　　添加新集：当所倒实体边的半径值不一致时可以通过"添加新集"进行设置不同半径值。具体操作为：选择要倒圆角的边设置半径值→单击"添加新集"图标 →选择要倒圆角的其他边设置圆角半径，如图 4-25 所示。

图 4-24　"边倒圆"对话框

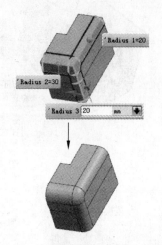

图 4-25　"添加新集"圆角创建

　　可变半径：可实现倒实体同一边的圆角半径为不同的半径值，操作步骤为：选取要倒圆角的边→指定"可变半径"项中"指定新的位置"点创建图标 ，进入点对话框选取所要改变实体边半径值的具体位置→输入半径值→确定→倒圆角完成，如图 4-26 所示。

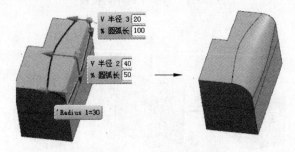

图 4-26　可变半径创建

　　拐角回切：当实体相交各边倒圆角时，用于控制各边公共点的圆角过渡设置，如图 4-27(a)所示为不选择公共交点时的效果，图 4-27(b)所示为选择公共交点时的效果。

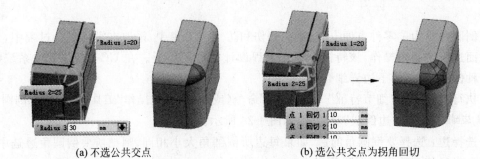

(a) 不选公共交点　　　　　　　　　(b) 选公共交点为拐角回切

图 4-27　拐角回切倒圆角

拐角突然停止：当实体某一边不需要全部倒圆角时，用于指定倒圆角所到的位置，如图 4-28 所示。

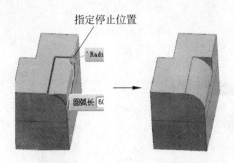

图 4-28　拐角突然停止倒圆角

4.2.3　倒斜角

倒斜角是指对已存在的实体沿指定的边进行倒角操作，又称倒角或去角特征。在产品设计中使用广泛，通常当产品的边或棱角过于尖锐时，为避免造成擦伤，需要对其进行必要的修剪，即执行倒斜角操作。

执行"插入"→"细节特征"→"倒斜角"命令（或单击"特征操作"工具栏中的"倒斜角"按钮 倒斜角 ），进入"倒斜角"对话框，如图 4-29 所示。

"偏置"选项中"横截面"主要有"对称"、"非对称"、"偏置和角度"三种，如图 4-30 所示。

图 4-29　"倒斜角"对话框

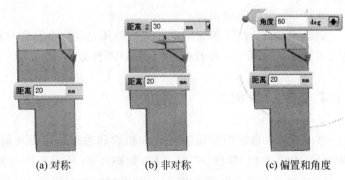

(a) 对称　　　　(b) 非对称　　　　(c) 偏置和角度

图 4-30　倒斜角创建

对称：指所倒斜角各边偏置长度相等。

非对称：指所倒斜角各边偏置长度不相等。

偏置和角度：指所倒斜角为边的偏置长度和角度方式。

4.2.4　面倒圆

面倒圆：指在选定的两个面组之间添加相切圆角面，选择"插入"→"细节特征"→"面倒圆"命令,弹出"面倒圆"对话框,如图 4-31 所示。

　类型:定义需倒圆面的个数,有"两个定义面链"和"三个定义面链"两种,如图 4-32所示。

图 4-31　"面倒圆"对话框

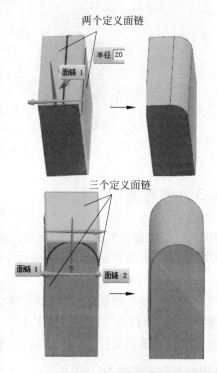

图 4-32　面倒圆创建

面链:要倒圆的相切面。

倒圆横截面:指圆角的指定方式,有"压延球"(自动倒与两相切面对称的圆)和"扫掠截面"(通过指定倒圆轨迹即脊线进行倒圆)两种方式。

4.2.5　软倒圆

软倒圆:在选定的面组之间添加相切和曲率连续圆角面,选择"插入"→"细节特征"→"软倒圆"命令弹出"软倒圆"对话框,如图 4-33 所示。操作步骤如下:单击"第一组面"图标 →选择要倒圆角的第一组面→单击"第二组面"图标 →选择要倒圆角的第二组面;单击"第一相切曲线"图标 →选择与第一组面上相切曲线→单击"第二相切曲线"图标 →选择与第二组面上相切曲线→确定,结果如图 4-34 所示。

4.2.6　抽壳

抽壳是指按照指定的厚度将实体模型抽空为腔体或在其四周创建壳体。可以指定个别不同的厚度到表面并移去个别表面。

图 4-33 软倒圆对话框

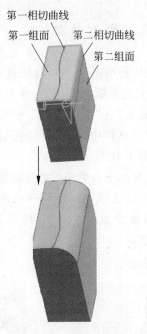

图 4-34 软倒圆创建

执行"插入"→"偏置/缩放"→"抽壳"命令(或单击"特征操作"工具栏中的"抽壳"按钮),进入"抽壳"对话框,如图 4-35 所示,通过"备选厚度"、"添加新集"选项可分别设置不同面的厚度。

操作步骤如下:执行"插入"→"偏置/缩放"→"抽壳"命令→选择要移去表面→选择"备选厚度"图标 →指定厚度值为 15,→选择"添加新集"→选择要改变厚度的表面→指定厚度值为 10→确定,结果如图 4-36 所示。

图 4-35 抽壳对话框

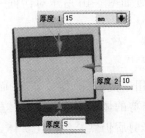

图 4-36 抽壳创建

4.2.7　实例特征

实体特征是指根据已有特征进行阵列复制操作，避免对单一实体的重复性操作。因 UG 软件是通过参数化驱动的，各个实例特征具有相关性，类似于副本。

执行"插入"→"关联复制"→"实例特征"命令（或单击 "特征操作"工具栏中的"实例特征"按钮），进入"实例特征" 对话框，如图 4-37 所示。

图 4-37　"实例"特征对话框

操作步骤如下：单击"实例特征"按钮→在弹出的"实 例"对话框中选取"矩形阵列"→选取如图 4-38(a)所示小圆 柱特征→参数设置如图 4-39 所示对话框→确定，结果如 图 4-38(b)所示。

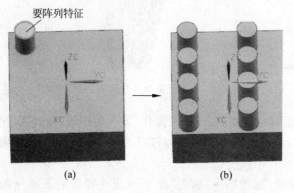

图 4-38　矩形阵列创建

图 4-39　矩形阵列参数设置对话框

4.2.8　生成实例几何特征

"生成实例几何特征"与"实例特征"类似，不同的是其阵列的路径可以通过特定条件来 任意指定。

执行"插入"→"关联复制"→"生成实例几何特征"命令（或单击"特征操作"工具栏中的 "生成实例几何特征"按钮），进入"实例几何体"对话框，如图 4-40 所示。

操作步骤如下：单击"生成实例几何特征"按钮→在弹出的"实例几何体"对话框中选取 "类型"沿路径→选取如图 4-41(a)所示小圆球特征→在"路径"选项中选取图 4-41(a)所示曲 线→参数设置如图 4-40 所示对话框→确定，结果如图 4-41(b)所示。

4.2.9　修剪体

修剪体用于使用平面或基准平面去切除一个或多个目标体。选择要保留的体的一部 分，并且被修剪的体具有修剪几何体的形状。其中修剪的实体与用来修剪的基准面或平面 相关，实体修剪后仍然是参数化实体，并保留实体创建时的所有参数。

执行"插入"→"修剪"→"修剪体"命令（或单击"特征操作"工具栏中的"修剪体"按钮），

进入"修剪体"对话框,如图 4-42 所示,其创建方法如图 4-43 所示。

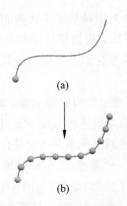

图 4-40　"实例几何体"对话框　　　　　　图 4-41　实例几何体创建

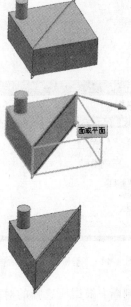

图 4-42　"修剪体"对话框　　　　　　　图 4-43　修剪体创建

4.3　创建基准特征

UG NX 8.0 实体建模过程中,经常需要建立基准特征,其在产品设计过程中起辅助设计作用。特别是在圆柱、圆锥、球和旋转体的回转面上创建特征时,没有基准几乎无法操作。

再者在目标体实体表面的非法线角度上创建特征时,通常需要基准特征。另外在产品装配过程中,经常需要使用两个基准平面进行定位。

基准特征包括基准平面、基准轴和基准 CSYS 等,下面分别介绍其创建和编辑过程。

4.3.1　创建基准平面

基准平面分为相对基准平面和固定基准平面两种,下面介绍其含义。

相对基准平面:根据模型中的其他对象而创建,可使用曲线、面、边缘、点及其他基准作为基准平面的参考对象。与模型中其他对象(如曲线、面或其他基平面)关联,并受其关联对象的约束。

固定基准平面:没有关联对象,即以坐标(WCS)产生,不受其他对象的约束。可使用任意相对基准平面,取消选择基准平面对话框中的"关联"选项方法创建固定基准平面。用户还可根据 WCS 和绝对坐标系并通过使用方程中的系数,使用一些特殊方法创建固定基准平面。

执行"插入"→"基准/点"→"基准平面"(或单击"特征操作"工具栏中的"基准平面"按钮),进入"基准平面"对话框,如图 4-44 所示。

类型:单击"类型"右侧下拉箭头,弹出基准平面创建的下拉菜单,共有"自动判断"、"成一角度"、"按某一距离"等十多种,如图 4-45 所示,限于篇幅,下面只介绍其中几种。

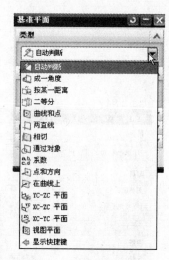

图 4-44　"基准平面"对话框　　　　图 4-45　基准平面类型

(1) 自动判断:根据所选择的对象,系统自动采用相应的方式创建基准平面。

(2) 成一角度:首先选择一平面参考对象(基准平面、平面对象),然后选择一线性对象为旋转基准轴(线性曲线、线性边或基准轴等),并设置旋转角度,从而产生一个新的基准平面,如图 4-46 所示。

(3) 按某一距离:此方式是将所选的平面在法向上偏移设置的距离值,从而产生新的基准平面,还可以根据需要设置偏置的数量,基准平面间的间距与设置相同,如图 4-47 所示。

(4) XC-YC/XC-ZC/YC-ZC 平面:将工作坐标或绝对坐标的 XC-YC/XC-ZC/YC-ZC 作为相应平面或偏移一个距离,如图 4-48 所示。

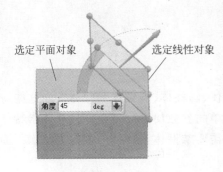

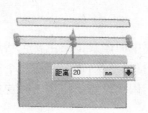

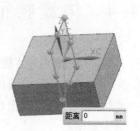

图 4-46　成一角度　　　　　　　图 4-47　按某一距离　　　　图 4-48　YC-ZC 平面

4.3.2　编辑基准平面

编辑基准平面主要是指对于定义基准平面的对象和参数进行编辑。编辑基准平面操作可以在创建基准平面过程中进行，也可以在创建后进行。下面具体介绍两种编辑方法。

编辑正在创建的基准平面：在没有单击按钮创建基准平面前，可对定义的基准平面进行编辑。当按住 Shift 键并用鼠标再次定义对象时，可将该对象移除，然后根据需要选择新的定义对象。

编辑已经创建的基准平面：对于已经创建的基准平面，可以用鼠标双击要编辑的基准平面，在弹出的"基准平面"对话框中对已下定义的对象和参数进行编辑。

4.3.3　创建基准轴

基准轴是一条用作其他特征参考的中心线，分为相对基准轴和固定基准轴。固定基准轴没有任何参考，是绝对的，不受其他对象约束；相对基准轴与模型中其他对象（例如曲线、平面或其他基准等）关联，并受其关联对象约束，是相对的。实体建模过程中一般选择相对基准轴，原因在创建基准平面时已经介绍过，这里不再介绍。

创建基准轴，执行"插入"→"基准/点"→"基准轴"命令（或者单击"特征操作"工具栏中的"基准轴"按钮），打开"基准轴"对话框，如图 4-49 所示。

编辑基准轴与编辑基准平面类似，可以参照编辑基准平面的方法，这里不再介绍。其中"点和方向"基准轴创建如图 4-50 所示，"两点"基准轴创建如图 4-51 所示。

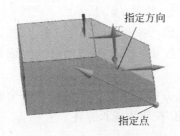

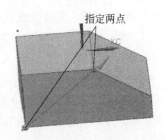

图 4-49　"基准轴"创建对话框　　　图 4-50　"点和方向"基准轴创建　　　图 4-51　"两点"基准轴创建

4.4 体素特征

UG NX 8.0 实体建模中的体素特征主要包括块体、圆柱体、圆锥体和球体等。这些特征实体都具有比较简单的特征形状，通常利用几个简单的参数便可以创建。另外体素特征一般作为第一个特征出现，因此进行实体建模时首先需要掌握体素特征的创建方法。下面分别来介绍。

4.4.1 块体

块体主要包括正方体和长方体，也是最基本的体素特征之一，利用块体可以创建规则的实体模型。

执行"插入"→"设计特征"→"长方体"命令（或单击"特征"工具栏中"长方体"按钮），进入"长方体"对话框，如图 4-52 所示。

图 4-52 "长方体"对话框

在"类型"下拉列表框中，系统提供了 3 种长方体创建方法，具体介绍如下。

原点和边长：利用点方式选项在视图区创建一点，然后在长度（XC）、宽度（YC）和高度（ZC）数值输入栏中输入具体数值，单击"确定"按钮生成长方体，如图 4-53 所示。

两点和高度：利用点方式选项在视图区创建两个点，然后在高度数值输入栏中输入高度值，单击"确定"按钮生成长方体。

两个对角点：利用两个点方式选项在视图区创建两个点作为长方体对角点，单击"确定"按钮生成长方体。

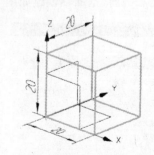

图 4-53 "原点和边长"创建

4.4.2　圆柱体

圆柱体是指以指定参数的圆为底面和顶面,具有一定高度的实体模型。圆柱体在工程设计中使用广泛,也是最基本的体素特征之一。用户在初级阶段学习需要好好掌握其操作方法。

执行"插入"→"设计特征"→"圆柱体"命令(或单击"特征"工具栏中"圆柱体"按钮),进入"圆柱"对话框,如图 4-54 所示,其轴、直径和高度创建方式如图 4-55 所示。

图 4-54　"圆柱"对话框

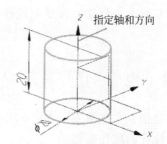

图 4-55　"轴、直径和高度"创建

4.4.3　锥体

锥体包括圆锥体和圆锥台。使用"圆锥"命令不仅可以创建圆柱体,同样还可以创建圆锥台,通常广泛应用于各种实体建模中。

创建锥体,执行"插入"→"设计特征"→"圆锥"命令(或单击"特征"工具栏中的"圆锥"按钮),进入"圆锥"对话框,如图 4-56 所示。圆锥创建结果如图 4-57 所示。

4.4.4　球体

球体特征主要是构造球形实体。执行"插入"→"设计特征"→"球体"命令(或单击"特征"工具栏中的"球体"按钮),其创建过程比较简单,不再做进一步解释。

图 4-56　圆锥对话框

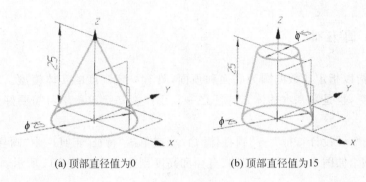

(a) 顶部直径值为0　　　　　　　　(b) 顶部直径值为15

图 4-57　圆台创建

4.5　成形特征

前面介绍的体素特征可以作为模型的第一个特征出现,但本节介绍的成形特征必须在现有模型的基础上来创建。包括创建孔、凸台、刀槽等。下面分别介绍几种常用的成形特征的方法。

4.5.1　孔

孔特征是指在实体模型中去除部分实体,此实体可以是长方体、圆柱体或圆锥体等。通常在创建螺纹孔的底孔时使用。

在菜单栏中执行"插入"→"设计特征"→"孔"命令(或单击"特征"工具栏中的"孔"按钮),进入"孔"对话框,如图 4-58 所示。

类型:单击类型选项右侧的下拉箭头,弹出各种孔的类型,如图 4-59 所示。

位置:可通过给定草图图标 进入草图绘制打孔的中心,也可通过指定点图标 直接在打孔实体上选取孔中心位置。

孔方向:可通过右侧下拉箭头选取"垂直于面"或"沿矢量"定义孔生成方向。

孔形状和尺寸:可以通过"成形"右侧下拉箭头,弹出如图 4-60 所示下拉菜单,选取孔的各种形状。孔的类型不同,对应孔的形状和尺寸参数略有不同。

下面以在如图 4-61 所示实体表面上创建螺纹孔为例介绍孔创建的步骤及方法。

进入如图 4-58 所示孔的创建对话框后→孔"类型"选取"螺纹孔","位置"通过给定草图图标 →进入草图绘制打孔的中心,结果如图 4-62 所示→单击 完成草图 图标完成孔中心的创建。

图 4-58　"孔"对话框

图 4-59　孔类型下拉菜单

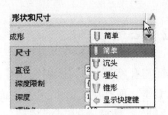

图 4-60　孔形状下拉菜单

图 4-61　制作螺纹孔实体

图 4-62　创建螺纹孔中心

返回孔对话框,螺纹孔各项参数设置如图 4-63 所示,单击"确定"按钮,结果如图 4-64 所示。所创建的螺纹为符号螺纹。

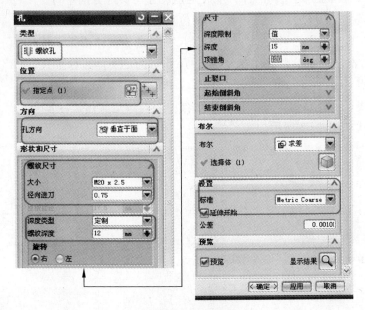

图 4-63　螺纹孔各项参数设置

图 4-64　螺纹孔创建

4.5.2　凸台

凸台特征与孔特征类似,区别在于生产方式和孔的生成方式相反,凸台是在指定实体面的外表面生成实体。而孔则是在指定实体面内部去除指定的实体,其操作方法与孔的操作相似。

单击"特征"工具栏中的"凸台"按钮,进入"凸台"对话框,如图 4-65 所示。选取所要生成的凸台实体表面→单击"确定"按钮,弹出如图 4-66 所示凸台"定位"对话框,下面分别介绍各选项含义。

图 4-65　凸台对话框

图 4-66　凸台"定位"对话框

　：水平,需指定水平参考方向,生成定位尺寸与参考方向平行。

　：竖直,需指定水平参考方向,生成定位尺寸与参考方向垂直。

　：平行,不需指定参考方向,生成定位尺寸与选定实体边缘平行。

　：垂直,不需指定参考方向,生成定位尺寸与选定实体边缘垂直。

　：点到点,不需指定参考方向,生成凸台中心与选定实体点重合。

　：点到线,不需指定参考方向,生成凸台中心与选定实体边缘重合。

各定位方式如图 4-67 所示。

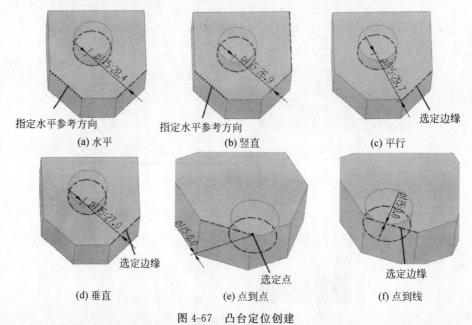

(a) 水平　　　　　　　　　(b) 竖直　　　　　　　　　(c) 平行

(d) 垂直　　　　　　　　　(e) 点到点　　　　　　　　(f) 点到线

图 4-67　凸台定位创建

4.5.3　腔体

型腔是创建于实体或者片体上,其类型包括圆柱形型腔、矩形型腔和常规型腔。

单击"特征"工具栏中的"腔体"按钮,进入"腔体"对话框,如图 4-68 所示。

此对话框中提供了 3 种类型选项,各选项的操作基本类似,此处以圆柱形腔体为例简单介绍其创建步骤。

(1) 选中图 4-68"腔体"对话框中"矩形"选项→选取生成矩形放置面→在弹出水平参考方向对话框中选取实体边缘作为参考方向。

(2) 在弹出"矩形腔体"对话框中分别设置"长度"、"宽度"、"深度"、"拐角半径"、"底部面半径"和"拔锥角",如图 4-69 所示。

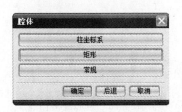

图 4-68　腔体对话框

图 4-69　矩形腔体参数设置对话框

(3) 确定→在弹出如图 4-70 所示的"定位"对话框中指定"矩形腔体"的位置→单击"确定"按钮,完成矩形腔体的创建,如图 4-71 所示。

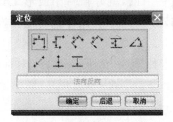

图 4-70　腔体"定位"对话框

图 4-71　矩形腔体创建

4.5.4　凸垫

"凸垫"的生成原理与前面介绍的"凸台"特征相似,都是向实体模型的外表面增加实体形成的特征。创建过程与腔体类似,这里不再叙述。

4.5.5　键槽

键槽是指创建一个直槽的通道穿透实体或通到实体内,在当前目标实体上自动执行求差操作。所有键槽类型的深度值均按垂直于平面放置面的方向测量。此工具可以满足建模过程中各种键槽的创建。键槽在机械工程中应用广泛,通常情况用于各种轴类、齿轮等产品上,起到轴向定位和传递扭矩的作用。

单击"插入"→"设计特征"→"键槽"命令,进入"键槽"对话框,如图 4-72 所示,其中矩形键槽放置面的参数设置如图 4-73 和图 4-74 所示,创建结果如图 4-75 所示。

图 4-72 "键槽"对话框

图 4-73 "矩形键槽"放置面

图 4-74 "矩形键槽"参数设置

图 4-75 矩形键槽创建

4.5.6 沟槽

沟槽用于用户在实圆柱形或圆锥形面上创建一个槽,就好像一个成形工具在旋转部件上向内(从外部定位面)或向外(从内部定位面)移动,如同车削操作。沟槽在选择该面的位置(选择点)附近创建并自动连接到选定的面上。

单击"插入"→"设计特征"→"沟槽"按钮,进入如图 4-76 所示的"槽"对话框,其中矩形槽参数设置值及创建结果如图 4-77 和图 4-78 所示。

图 4-76 "槽"对话框

图 4-77 "矩形槽"参数设置值

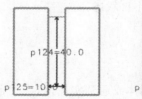

图 4-78 矩形槽创建

4.6　特征编辑

特征编辑是指对前面通过特征建模创建的实体特征进行编辑和修改。通过编辑实体的参数来驱动特征参数的更新,可以极大地提高工作效率和制图的准确性。主要包括编辑特征参数,编辑定位尺寸、移动特征等,如图 4-79 所示为"编辑特征"工具栏,下面分别介绍。

4.6.1　编辑特征参数

编辑特征参数是对已存在特征的参数值根据需要进行修改,并将所做的特征修改重新反映出来,另外还可以改变特征放置面和特征的类型。编辑特征参数包含编辑一般实体特征参数、编辑扫描特征参数、编辑阵列特征参数、编辑倒斜角特征参数和编辑其他参数 5 类情况。大多数特征的参数都可以用"编辑参数"选项进行编辑。

单击"编辑特征"工具栏中的"编辑特征参数"按钮(也可以使用"部件导航器"→MB3→"编辑参数"命令),进入"编辑参数"对话框,如图 4-80 所示。

选取所需编辑的特征,即进入改特征原创建对话框,修改相应值即可。

图 4-79　"编辑特征"工具栏　　　　　　　图 4-80　"编辑参数"对话框

4.6.2　编辑位置

编辑位置是指通过修改特征的位置,达到编辑实体的操作。

执行"编辑"→"特征"→"编辑位置"命令(或单击"编辑特征"工具栏中的"编辑位置"按钮),进入"编辑位置"对话框,如图 4-81 所示。

在该对话框中,列出所有可以编辑位置的特征,用户可以直接指定需要编辑位置的特征,单击"确定"按钮。弹出"编辑位置"对话框,如图 4-82 所示。可选取相应选项进行编辑。

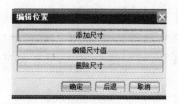

图 4-81　"编辑位置"特征选取对话框　　　　　图 4-82　"编辑位置"对话框

4.6.3　移动特征

移动特征是指把一个无关联的实体特征移到指定的位置,对于存在关联性的特征,可通过编辑位置尺寸的方法移动特征,从而达到编辑实体特征的目的。

执行"编辑"→"特征"→"移动"命令(或单击"编辑特征"工具栏中的"移动特征"按钮),进入"移动特征"对话框,在该对话框中选择要编辑的特征,或在绘图区直接选取需要编辑的特征(该特征须为无参数),单击"确定"按钮,弹出新的"移动特征"对话框,如图 4-83 所示。

4.6.4　移除参数

移除参数是指把有特征的参数去除,去除后不可恢复,特征将变为非参数。

执行"编辑"→"特征"→"移除参数"命令(或单击"编辑特征"工具栏中的"移除参数"按钮),进入"移除参数"对话框,在该对话框中选择要移除参数的特征→确定→特征参数移除。

4.6.5　指派实体密度

执行"编辑"→"特征"→"指派实体密度"命令(或单击"编辑特征"工具栏中"指派实体密度"按钮),进入"指派实体密度"对话框,如图 4-84 所示,在该对话框中选择要修改密度的特征→输入密度值及单位→确定→特征将被重新赋予密度值。

图 4-83　移动特征对话框　　　　　图 4-84　"指派实体密度"对话框

4.7　特征变换/移动

指对特征进行阵列、旋转、镜像、平移、复制等操作,经过变换/移动后的特征没有参数。

执行"编辑"→"特征"→"变换"→弹出"变换"类型选择对话框→选择所要变换的对象→弹出如图 4-85 所示的对话框,下面以对话框"比例"选项为例,对图 4-86 所示圆柱体进行复制操作。

图 4-85　"变换"对话框

图 4-86　圆柱实体

选取图 4-86 所示圆柱体→进入如图 4-85 所示"变换"对话框,单击"比例"→在弹出如图 4-87 所示参考"点"设置对话框中 X、Y、Z 均设置为 0,其他选项默认→"确定"→"确定"→在弹出如图 4-88 所示"变换"类型对话框中选取"变换类型-比例"选项。

图 4-87　参考"点"设置对话框

图 4-88　"变换"类型对话框

在弹出如图 4-89 所示"变换"方式对话框中选取"平移"→"至一点"→设置如图 4-90 所示:参考坐标为 WCS, X、Y、Z 均为 0→"确定"→再次设置参考坐标为 WCS, $X=20$、$Y=0$、$Z=0$→"确定"→"复制"→"取消",结果如图 4-91 所示。

图 4-89　"变换"方式对话框

图 4-90　"点"设置对话框

图 4-91　实体变换创建

任务分析及实施

1. 任务(1)

1) 任务分析

(1) 特征分解

① 此咖啡杯一共由咖啡杯底座、支撑座、杯身和杯盖 4 部分组成,在绘制时应该分开绘制。

② 咖啡杯底座:特征主要由开关按钮特征、右端凸台及底座主体三部分构成。

③ 支撑座:特征主要由支撑座主体及右端方台两个特征构成。

④ 咖啡杯身:特征主要由杯身、杯嘴、手持柄及右端方台构成。

⑤ 咖啡杯盖:特征主要由杯盖嘴、手持盖和杯盖构成。

(2) 根据特征分解确定造型思路和步骤

当绘制具有多个特征构成的组合体时,应该遵照先主要部分再次要部分、先整体后局部、先外后内、先下后上的原则进行。

2) 任务实施

(1) 底座绘制

① 绘制底座曲线,尺寸如图 4-92(a)所示。

② 单击"插入"→"设计特征"→"回转"命令→旋转如图 4-92 所示回转截面→选择 Y 轴

为旋转轴→确定,结果如图 4-92(b)所示。

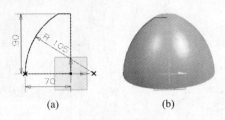

(a)　　　　　　(b)

图 4-92　底座回转特征创建

③ 外形修剪及倒圆角。

绘制如图 4-93(a)所示曲线,单击"插入"→"设计特征"→"拉伸"→选择拉伸曲线→在"拉伸"对话框中设置"限制"选项拉伸值为"对称",并输入值 80→确定,如图 4-93(b)所示。

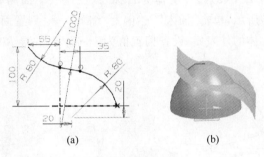

(a)　　　　　　(b)

图 4-93　拉伸刀具片体

单击"插入"→"修剪"→"修剪体",在弹出的"修剪"对话框中选取图 4-92(b)为目标体,选取图 4-93(b)拉伸片体为刀具体,确认修剪方向朝外→结果如图 4-94(a)所示。

单击"插入"→"细节特征"→"边倒圆"→选取图 4-94(a)上边缘,半径值输入 25→"单击添加新集",选取图 4-94(a)下边缘,半径值输入 19→确定,结果如图 4-94(b)所示。

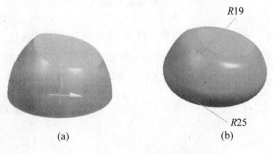

(a)　　　　　　(b)

图 4-94　底座修剪、倒圆

④ 小凸台绘制。

绘制如图 4-95(a)所示曲线,单击"拉伸"→选择刚绘制的圆→设置拉伸值"起始"为 0,"结束"为 15,并进行倒圆角操作:上边缘 $R17$、下边缘 $R2$,步骤同上,结果如图 4-95(b)所示。

单击特征工具栏求和图标; 求和 →选取底座和凸台进行求和。

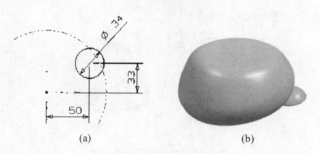

图 4-95   凸台绘制

⑤ 按钮开关绘制。

分别绘制如图 4-96(a)和图 4-96(b)所示的二维曲线,利用拉伸命令分别对称拉伸各曲线,结果如图 4-96 所示。

利用修剪命令以图 4-96(a)拉伸实体为目标,以底座外表面为刀具,修剪外侧,结果如图 4-97(a)和图 4-97(b)所示,单击"插入"→"偏置/缩放"→"偏置面"→弹出如图 4-98 所示的对话框,选择刚修剪实体的外表面,设置偏置值为 1→确定,并导 R0.5 圆角,结果如图 4-99 所示。

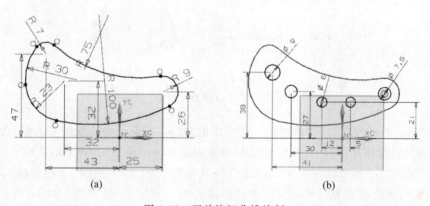

图 4-96   开关按钮曲线绘制

利用修剪命令以图 4-96(b)拉伸实体为目标,按钮开关外形表面为刀具,修剪外侧。

单击"插入"→"偏置/缩放"→"偏置面"→弹出如图 4-98 所示的对话框,选择刚修剪实体的外表面,设置偏置值为 1→确定,并导 R0.5 圆角,结果如图 4-100 所示。

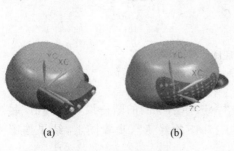

图 4-97   按钮外形修剪

图 4-98   "偏置面"对话框

图 4-99　按钮外形偏置

图 4-100　按钮开关创建

（2）支撑座绘制

① 绘制如图 4-101(a)所示的二维曲线，单击"插入"→"设计特征"→"回转"命令→旋转如图 4-101 所示回转截面→选择 Y 轴为旋转轴→确定，结果如图 4-101(b)所示图形。

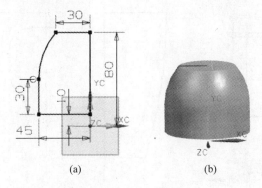

(a)　　　　　　　(b)

图 4-101　支撑座回转创建

② 右端方台绘制。

绘制如图 4-102(a)所示二维曲线，单击"插入"→"设计特征"→"拉伸"→选择拉伸曲线→在"拉伸"对话框中设置"限制"选项拉伸值为"对称"，并输入值 11→"偏置"选项为"两侧偏置"→"开始"设置为 0，"结束"设置为 38→选项"布尔运算"选择"求和"→选择与图 4-101(b)实体进行求和→确定，结果如图 4-102(b)所示。

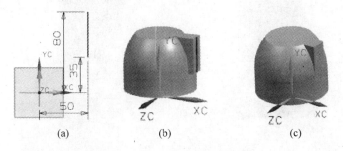

(a)　　　　　　(b)　　　　　　(c)

图 4-102　支撑座方台创建

选择如图 4-102(b)所示底部圆边缘进行拉伸，设置拉伸高度为 150，"偏置"选项选"两侧偏置"→"开始"设置为 0，"结束"设置为 50→选择"布尔运算"选择"求差"→选择与图 4-102(b)实体进行求差→确定，结果如图 4-102(c)所示。

单击特征工具栏求差图标 🔳 求差 →选取底座和图 4-102(c)进行求差，在设置选项中勾选"保存工具"复选框→确定，结果如图 4-103 所示。

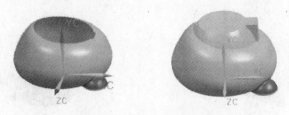

图 4-103   底座与支撑座求差

（3）杯身绘制

① 利用草图曲线分别绘制如图 4-104(a)和图 4-104(b)所示尺寸标注部分截面线。

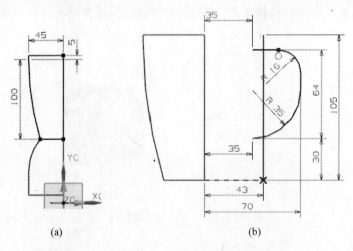

(a)   (b)

图 4-104   杯身曲线绘制

② 分别利用回转、拉伸命令进行杯身造型，方法同支撑座创建，结果如图 4-105 所示。

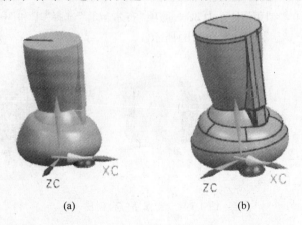

(a)   (b)

图 4-105   杯身及方台创建

③ 利用草图曲线分别绘制如图 4-106(a)所示尺寸标注部分截面线，利用拉伸对刚绘制截面进行对称拉伸值为 6，方台棱边倒 R2 圆角，如图 4-106(b)所示。

④ 单击"插入"→"细节特征"→"拔模"→在弹出对话框中"类型"选项选择"从边"→分别

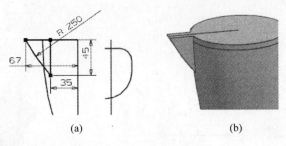

图 4-106 杯身嘴的创建

选取杯嘴前部左、右两边缘→拔模方向和拔模角度如图 4-107（a）所示，结果如图 4-107（b）
所示。

单击"插入"→"细节特征"→"面倒圆"，在面倒圆"类型"选项中选择"从三个定义面
链"→分别选择左右两面链和中间面链→确定，结果如图 4-107（c）所示。

⑤ 单击"插入"→"偏置/缩放"→"抽壳"→选择杯身上表面作为去除面→抽取厚度设
置为 2→确定，结果如图 4-108 所示。

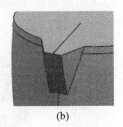
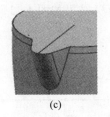

图 4-107 杯身嘴的创建   图 4-108 杯身抽壳创建

⑥ 利用图 4-104（b）所示尺寸标注部分截面线，分别进行拉伸，结果如图 4-109（a）、
图 4-109（b）和图 4-109（c）所示。单击"插入"→"修剪"→"修剪体"，在弹出的"修剪"对话框
中选取图 4-109（a）、图 4-109（b）和图 4-109（c）为目标体，选取图 4-108 内表面为刀具体，确
认修剪方向朝内→结果如图 4-109（d）所示，最好对杯身和手持柄进行求和操作。

(a) 对称拉伸值6   (b) 对称拉伸值6   (c) 对称拉伸值6   (d) 手持柄修剪
往里偏置起始5、结束7   对称偏置1   往外偏置起始5、结束7

图 4-109 手持柄创建

（4）杯盖的绘制

① 利用草图曲线绘制如图 4-110(a)所示尺寸标注部分截面线，利用"回转"命令对刚绘
制曲线进行回转创建，结果如图 4-110(b)所示。

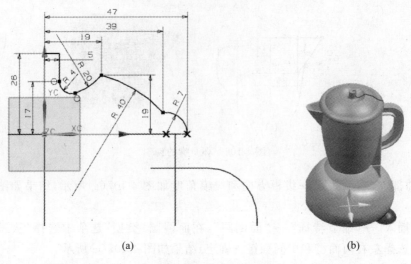

(a)　　　　　　　　　　　　　　　　　　　　(b)

图 4-110　杯盖"回转"创建

② 利用草图曲线绘制如图 4-111(a)所示尺寸标注部分截面线,利用拉伸命令对刚绘制曲线进行对称拉伸,拉伸值为 6,结果如图 4-111(b)所示。

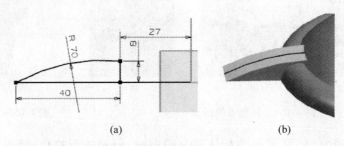

(a)　　　　　　　　　　　　　　(b)

图 4-111　杯盖嘴"拉伸"创建

③ 利用拔模命令对杯盖嘴进行拔模,方法同步骤(3)杯身绘制第④步,设置拔模角为30°,结果如图 4-112 所示。

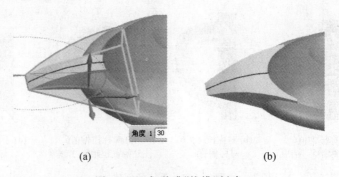

(a)　　　　　　　　　　　　　　(b)

图 4-112　杯盖嘴"拔模"创建

④ 利用边倒圆命令,分别对对如图 4-113(a)所示杯盖进行倒圆角,单击"插入"→"偏置/缩放"→"抽壳"→选择杯盖上、下表平面作为去除面→抽取厚度设置为 2→确定,结果如图 4-113(b)所示。

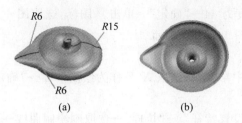

图 4-113　杯盖倒圆角及抽壳

　　⑤ 利用草图曲线绘制如图 4-114(a)所截面线,利用"回转"命令对刚绘制曲线进行对称回转创建,结果如图 4-114(b)所示。利用边倒圆命令,对如图 4-114(b)所示手持杯盖进行倒 $R2$ 圆角,结果如图 4-114(c)所示,至此咖啡杯造型全部完成。

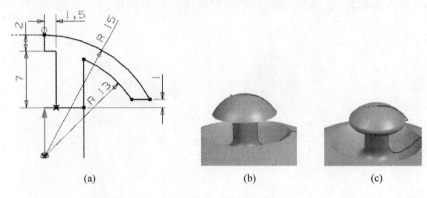

图 4-114　手持盖创建

2. 任务(2)

1) 任务分析

　　根据所给的"泵体"二维图可知,除底座外,都是有基本体和基本孔构成,在创建时为了使特征参数简化,应尽量采用基本体创建,由任务(1)分析可知,除底座孔可先造型出外,其余内孔应最后作出。为了绘制方便以及基准统一,把图 4-2 所示主视图作为 Z、Y 绘图平面,右端面作为 Z 值 0 点。

2) 任务实施

(1) 泵身创建

　　执行"插入"→"设计特征"→"圆柱体"→ 在弹出的"圆柱"对话框中选择 Z 轴作为"指定矢量",设置直径为 80,高度为 124→"确定",结果如图 4-115(a)所示。

　　执行"插入"→"设计特征"→"凸台",在弹出的"凸台"对话框中选择图 4-115(a)作为放

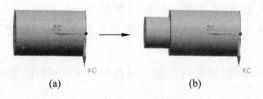

图 4-115　泵身创建

置面,设置直径为 55,高度为 44→"确定"→单击 ⟋ 图标,选取图 4-115(a)外圆边缘→"圆弧中心"→"确定",结果如图 4-115(b)所示。

（2）底座创建

执行"插入"→"任务中草图"→选取 X、Y 作为绘图平面→"确定",绘制如图 4-116(a)所示二维图形。

单击执行"插入"→"设置特征"→"拉伸"→选取刚绘制曲线→设置拉伸方向 Z、起始 0、结束 30,布尔运算为"求和"→确定,结果如图 4-116(b)所示。

执行"插入"→"任务中草图"→选取 X、Y 作为绘图平面→"确定",绘制如图 4-116(c)所示左右两边虚线框内的二维图形。

单击执行"插入"→"设置特征"→"拉伸"→选取刚绘制曲线→设置拉伸方向 Z、起始 24、结束 30,布尔运算为"求差"→确定,结果如图 4-116(d)所示。

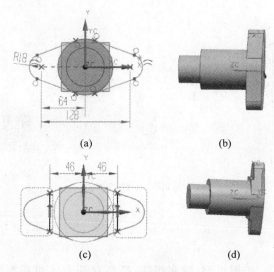

图 4-116　底座创建

（3）泵体凸台创建

执行"插入"→"任务中草图"→选取 X、Z 作为绘图平面→"确定",绘制如图 4-117(a)所示二维图形。

单击执行"插入"→"设置特征"→"拉伸"→在选择过滤器下拉选项中选取"曲线"→选取图 4-117(a)左端制曲线→设置拉伸方向 Y、起始 48、结束设为"至选定对象"→选取图 4-116(d)左端小圆柱表面→布尔运算为"求和"→确定,同理选取图 4-117(a)右端制曲线→设置拉伸方向 Y、起始 55、结束设为"至选定对象"→选取图 4-116(d)右端大圆柱表面→布尔运算为"求和"→确定,结果如图 4-117(b)所示。

执行"插入"→"任务中草图"→选取 Y、Z 作为绘图平面→"确定",绘制如图 4-117(c)所示二维图形。

利用拉伸命令选择刚绘制矩形截面线→对称拉伸 40→确定,结果如图 1-117(d)所示。

（4）各孔创建

单击"插入"→"设计特征"→"孔"→在"孔"对话框中做如下设置:

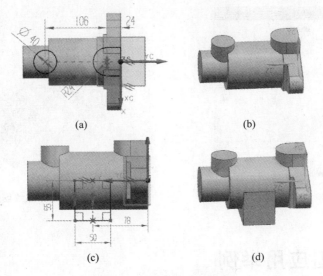

图 4-117　泵体各凸台创建

选图 4-117(d)右端面作为孔 $\phi62\times110$ 的放置面,孔类型:常规孔,位置:选择"点"图标
→选取右端面 $\phi80$ 圆弧圆心作为位置点,其余设置如图 4-118 方框所示→确定,结果如
图 4-119(a)所示。用同样的方法创建其余各孔,结果如图 4-119(b)所示。

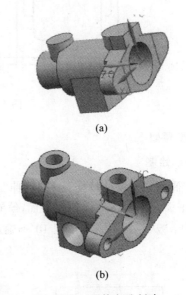

图 4-118　孔创建对话框　　　　图 4-119　泵体各孔创建

单击"插入"→"设计特征"→"螺纹",在弹出的"螺纹"创建对话框中选取"详细",选择
M24 螺纹孔,各项参数设置如图 1-120 所示,用同样方法创建另一 M24 螺纹孔,为了更好观
察内部结果,利用"编辑工作截面"命令进行剖切,结果如图 4-121 所示。

图 4-120   详细"螺纹"对话框

图 4-121   泵体螺纹创建

知识点巩固应用举例

实例一：根据如图 4-122 所给"烟灰缸"二维图形，利用拉伸等命令完成其三维造型。

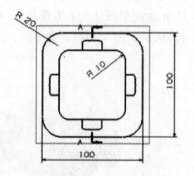

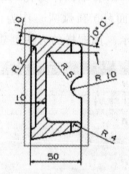

图 4-122   烟灰缸

绘制步骤如下。

1. 外形绘制

单击"插入"→"设计特征"→"拉伸"，在弹出的"拉伸"对话框中选取草图绘制截面→默认绘图平面→确定→进入草绘平面，绘制如图 4-123(a)所示矩形截面。拉伸起始值 0，结束 50，拔模："从起始限制"，角度 10°→确定，结果如图 4-123(b)所示。

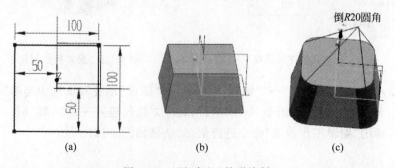

(a)   (b)   (c)

图 4-123   "烟灰缸"外形绘制

单击"插入"→"细节特征"→"边倒圆",分别选取图 4-123(b)侧面四条棱边倒 $R20$ 圆角,结果如图 4-123(c)所示。

2. 内腔绘制

单击"插入"→"来自曲线集的曲线"→"偏置",弹出如图 4-124 所示对话框,选择如图 4-125(a)所示底面,偏置距离 10,方向向内→确定。

利用拉伸命令将刚偏置曲线向里拉伸 2,拔模角为 10°,求差→确定。

利用倒圆角命令选取内棱倒 R2 圆角,结果如图 4-125(b)所示。

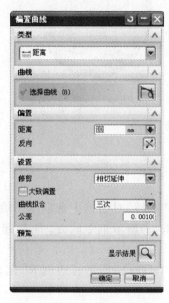

图 4-124　"偏置曲线"对话框

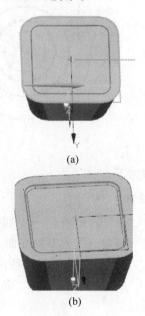

图 4-125　烟灰缸底部细节创建

同理,利用"偏置曲线"、"拉伸"、"边倒圆"、"面倒圆"命令分别绘制如图 4-126(a)所示内腔。

单击"插入"→"曲线"→"直线",分别选取图 4-126(a)所示矩形曲线左右两边中点,绘制直线,直线两点适当延伸,超出实体即可,如图 4-126(b)所示。

单击"插入"→"扫掠"→"管道"→选取刚绘制的一条直线→管道外径设为 20,内径为 0,布尔运算"求差"→确定,同理创建另一半圆缺口,结果如图 4-126(c)所示。

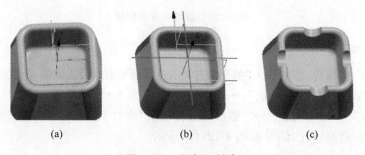

图 4-126　烟灰缸创建

实例二：根据如图 4-127 所给"淋浴霸"二维图形，利用回转等命令，完成其三维造型。

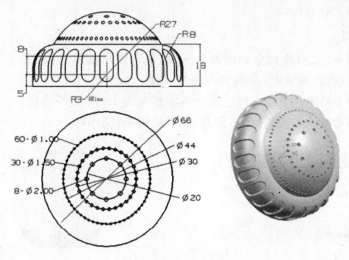

图 4-127　淋浴霸

绘制步骤如下。

1. 外形绘制

单击"插入"→"设计特征"→"回转"，在弹出的"回转"对话框中选取草图绘制截面→默认绘图平面→确定→进入草绘平面，绘制如图 4-128(a)所示矩形截面。回转起始值 0，结束 360°→确定，结果如图 4-128(b)所示。

单击"插入"→"细节特征"→"边倒圆"，选取图 4-128(b)所示棱边倒 R8 圆角，结果如图 4-128(c)所示。

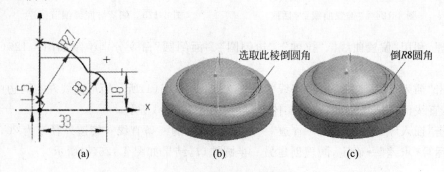

（a）　　　　　　　　　　（b）　　　　　　　　　　（c）

图 4-128　淋浴霸外形创建

2. 内腔绘制

单击"插入"→"偏置/缩放"→"抽壳"，选取浴霸底部平面作为去除面，厚度设置为 3，选取备选厚度，选择过滤器里选择"单个面"→选择侧面设置值为 4→"确定"，结果如图 4-129(a)所示。

单击"插入"→"设计特征"→"螺纹"，在弹出的"螺纹"创建对话框中选取"详细"，选择浴霸内圆柱孔创建螺纹孔，结果如图 4-129(b)所示。

3. 外形孔及凹槽绘制

利用草图命令，绘图平面 X、Z 进入草图，分别绘制如图 4-130(a)所示各圆，利用拉伸命

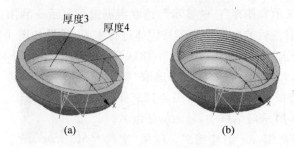

图 4-129　浴霸内腔创建

令分别拉伸并求差,结果如图 4-130(b)所示,利用实例特征分别对各孔进行圆形阵列,结果如图 4-130(c)所示。

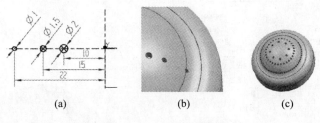

图 4-130　浴霸孔创建

利用草图命令,绘图平面 X、Y 进入草图绘制如图 4-131(a)所示图形,利用拉伸命令选取刚绘制曲线往外单向拉伸,结果如图 4-131(b)所示。

利用修剪命令把刚拉伸实体作为目标体,浴霸外表面作为刀具体,修剪实体外侧,结果如图 4-131(c)所示。

单击"编辑"→"显示和隐藏"→"隐藏",选取浴霸进行隐藏,"插入"→"偏置/缩放"→"偏置面",选取如图 4-131(d)所示实体修剪面向外偏置 1→确定。利用"边倒圆"命令对刚偏置实体边倒 $R0.5$ 圆角,结果如图 4-131(e)所示。

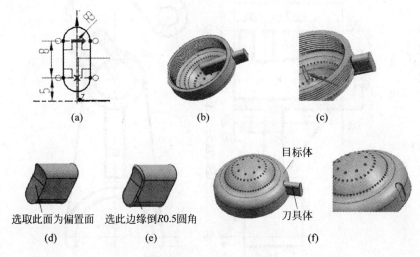

图 4-131　浴霸凹孔创建

单击"编辑"→"显示和隐藏"→"显示",选取浴霸进行显示→利用布尔运算求差命令把浴霸作为"目标体",偏置后的实体作为"刀具"体进行求差,结果如图 4-131(f)所示。

打开导航工具→选择图 4-131（b）、图 4-131(c)、图 4-131(d)、图 4-131(e)、图 4-131(f)所绘制的步骤→右击,在弹出下拉菜单中选取"特征分组"（即把所选特征作为一组）,如图 4-132 所示,在弹出如图 4-133 所示对话框中,输入特征组名称为"aoc"→确定,特征组 aoc 创建完成。利用"实例特征"命令选取特征组 aoc 进行圆形阵列,阵列数为 24,角度为 360/24→确定,结果如图 4-134 所示。

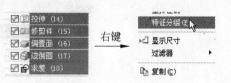

图 4-132 "特征组"下拉菜单

图 4-133 "特征分组"对话框

图 4-134 淋浴霸凹槽阵列

实例三：根据如图 4-135 所给"支架"零件二维图形,利用拉伸、孔等命令完成其三维造型。

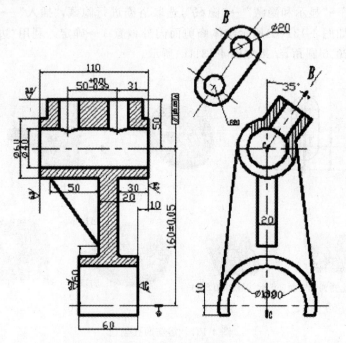

图 4-135 支架零件

绘制步骤如下。

（1）利用主视图右端作为 X、Y 平面，$\phi60$ 圆柱轴向为 Z 轴，利用圆柱体命令创建如图 4-136 所示图形。在 XZ 平面绘制如图 4-135 "B 向视图"外形，并利用拉伸命令创建如图 4-137(b)所示图形。

图 4-136　圆柱体创建

（2）单击"编辑"→"移动"在弹出的"移动对象"对话框中选择拉伸实体为移动对象，选 Z 轴为旋转轴，其余设置如图 4-138 所示。单击"确定"按钮，利用布尔运算求和命令分别将圆柱体和移动后实体求和，结果如图 4-137(c)所示。

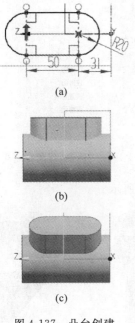

图 4-137　凸台创建

图 4-138　"移动对象"对话框

（3）进入草图绘制环境，以 XY 平面作为绘图平面，绘制如图 4-139(a)所示外形线，分别利用拉伸命令，在选择栏打开"相交处停止" ⊥⊥ 按钮图标，分别选取相应曲线拉伸实体（拉伸中间板时拉伸起始值为 30，结束为 50，拉伸下部半圆形时拉伸起始值为 10，结束为 70），结果如图 4-139(b)所示。

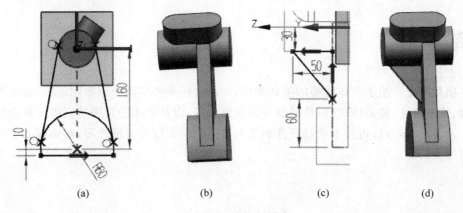

(a)　　　　　　(b)　　　　　　(c)　　　　　　(d)

图 4-139　支架板创建

进入草图绘制环境,以 ZY 平面作为绘图平面,绘制如图 4-139(c)所示外形线,利用拉伸命令拉伸加强筋,结果如图 4-139(d)所示。

(4) 放大图 4-139(d)加强筋上部发现,与圆柱未完全结合,如图 4-140 所示。利用"同步建模"工具栏,单击"移动面"下拉箭头→选择如图 4-141 所示"替换面"图标,在弹出对话框中,选择图 4-140 所示相应的面作为"要替换的面"、"替换面"(如方向不对,则单击 ⊠ 图标,反向即可),结果如图 4-142 所示。

外圆柱面为"替换面"　　要替换的面

图 4-140　加强筋与外圆柱面未吻合　　　　　图 4-141　"替换面"命令菜单

(5) 利用孔命令分别完成各孔创建,结果如图 4-143 所示。

图 4-142　加强筋与外圆柱面吻合　　　　　　图 4-143　支架孔创建

小结

本项目主要介绍了实体建模的基础知识,并结合任务和实例介绍布尔运算、基准平面和基准轴、体素特征、成形特征、扫描特征等的创建步骤,以及常用的几种特征操作和特征编辑方法。读者在学习时,可按本项目任务和实例讲述的操作过程上机练习,对掌握本项目内容将具有很大帮助。

思考练习题

1. 简述创建基准平面和基准轴的常用方法。
2. 键槽和沟槽在操作方面有何区别？
3. 常用的特征操作有哪些？
4. 简述回转和沿导线扫掠的不同之处。
5. 实例特征有几种类型？各有什么用途？
6. 根据下列各工程图(图 4-144～图 4-148)建立三维模型。

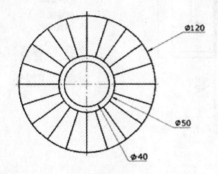

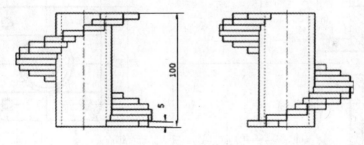

图 4-144　旋转楼梯

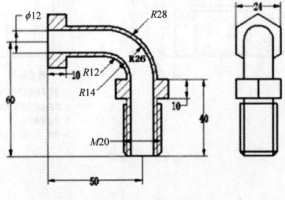

图 4-145　螺纹管

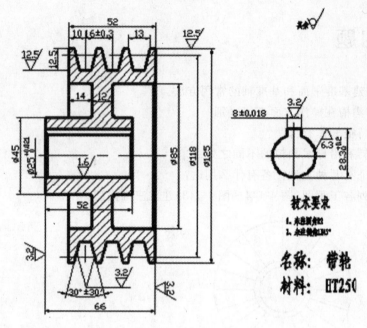

图 4-146　带轮

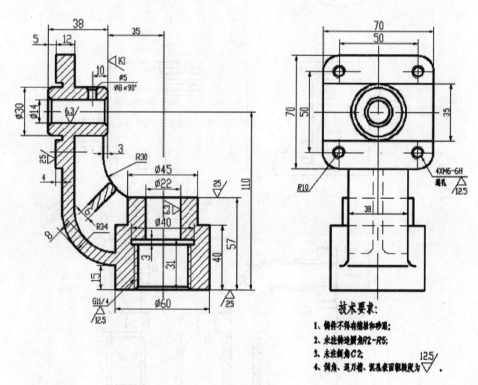

图 4-147　支架

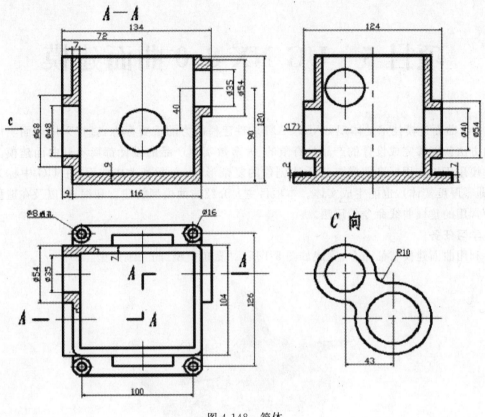

图 4-148　箱体

项目5 UG NX 8.0 曲面建模

　　UG 曲面建模技术是体现 CAD/CAM 软件建模能力的重要标志,直接采用前面实体建模的方法就能够完成设计的产品是有限的,大多数实际产品的设计都离不开曲面建模。曲面建模用于构造用标准建模方法无法创建的复杂形状,它既能生成曲面(在 UG 中称为片体,即零厚度实体),也能生成实体。本项目主要介绍曲面模型的建立和编辑,以及在造型过程中常用的建模曲线命令的用法。

　　学习任务

　　利用曲面建模特征命令,完成如图 5-1 所示"鲨鱼模型"的三维造型。

图 5-1　鲨鱼模型

5.1　曲面建模概述

　　曲面是指空间具有两个自由度的点构成的轨迹。同实体模型一样,都是模型主体的重要组成部分,但又不同于实体特征。区别在于曲面有大小但没有质量,在特征的生成过程中,不影响模型的特征参数。曲面建模广泛应用于设计飞机、汽车、电机及其他工业造型设计过程,用户利用它可以方便地设计产品上的复杂曲面形状。

　　UG NX 8.0 曲面建模的建模方法繁多,功能强大,使用方便。全面掌握和正确合理使用是用好该模块的关键。曲面的基础是曲线,构造曲线要避免重叠、交叉和断点等缺陷。曲面建模的应用范围包括以下 4 个方面。

　　(1) 构造用标准方法无法创建的形状和特征。

　　(2) 修剪一个实体而获得一个特殊的特征形状。

（3）将封闭曲面缝合成一个实体。

（4）对线框模型蒙皮。

5.1.1　常用概念

一般来讲，UG 曲面建模首先通过曲线构造方法生成主要或大面积曲面，然后进行曲面的过渡和连接，光顺处理，曲面的编辑等方法完成整体造型。在使用过程中经常会遇到以下一些常用概念。

- 行与列：行定义了曲面的 U 方向，列是大致垂直于曲面行方向的纵向曲线方向（V 方向）。
- 曲面的阶次：阶次是一个数学概念，是定义曲面的三次多项式方程的最高次数。建议用户尽可能采用三次曲面，阶层过高会使系统计算量过大，产生意外结果，在数据交换时容易使数据丢失。
- 公差：一些自由形状曲面建立时采用近似方法，需要使用距离公差和角度公差。分别反映近似曲面和理论曲面所允许的距离误差和面法向角度允许误差。
- 截面线：是指控制曲面 U 方向的方位和尺寸变化的曲线组。可以是多条或者是单条曲线。其不必光顺，而且每条截面线内的曲线数量可以不同，一般不超过150 条。
- 引导线：用于控制曲线的 V 方向的方位和尺寸。可以是样条曲线、实体边缘和面的边缘，可以是单条曲线，也可以是多条曲线。其最多可选择 3 条，并且需要 G1 连续。

5.1.2　曲面建模的基本原则

曲面建模不同于实体建模，其不是完全参数化的特征。在曲面建模时，需要注意以下几个基本原则。

- 创建曲面的边界曲线尽可能简单。一般情况下，曲线阶次不大于 3。当需要曲率连续时，可以考虑使用五阶曲线。
- 用于创建曲面的边界曲线要保持光滑连续，避免产生尖角、交叉和重叠。另外在创建曲面时，需要对所利用的曲线进行曲率分析，曲率半径尽可能大，否则会造成加工困难和形状复杂。
- 避免创建非参数化曲面特征。
- 曲面要尽量简洁，面尽量做大。对不需要的部分要进行裁剪。曲面的张数要尽量少。根据不同部件的形状特点，合理使用各种曲面特征创建方法。尽量采用实体修剪，再采用抽壳方法创建薄壳零件。
- 曲面特征之间的圆角过渡尽可能在实体上进行操作。
- 曲面的曲率半径和内圆角半径不能太小，要略大于标准刀具的半径，否则容易造成加工困难。

5.1.3　曲面建模的一般过程

一般来说,创建曲面都是从曲线开始的。可以通过点创建曲线来创建曲面,也可以通过抽取或使用视图区已有的特征边缘线创建曲面。其一般的创建过程如下。

(1) 首先创建曲线。可以用测量得到的云点创建曲线,也可以从光栅图像中勾勒出用户所需的曲线。

(2) 根据创建的曲线,利用通过曲线组、直纹面、通过曲线网格、扫掠等曲面命令,创建产品的主要或者大面积的曲面。

(3) 利用桥接面、二次截面、软倒圆、N-边曲面选项,对前面创建的曲面进行过渡接连、编辑或者光顺处理。最终得到完整的产品模型。

5.2　创建曲面

在 UG NX 8.0 中,可以通过多种方法创建曲面。可以利用点创建曲面,也可以利用曲线创建曲面,还可以利用曲面创建曲面。曲面工具栏如图 5-2 所示。

由点创建曲面是指利用导入的点数据创建曲线、曲面的过程。可以通过"通过点"方式来创建曲面,也可以通过"从极点"、"从云点"等方式来完成曲面建模。由以上几种创建曲面的方式创建的曲面与点数据之间不存在关联性,是非参数化的。即当创建点编辑后,曲面不会产生关联性变化。另外,由于其创建的曲面光顺性比较差,一般在曲

图 5-2　"曲面"工具栏

面建模中,此类方法很少使用,限于篇幅,此处不再详细介绍。此处仅对由曲线和曲面创建曲面的各种方法进行介绍。

5.2.1　创建直纹面

直纹面是指利用两条截面线串生成曲面或实体。截面线串可以由单个或多个对象组成,每个对象可以是曲线、实体边界或实体表面等几何体。

创建直纹面,单击"插入"→"网格曲面"→"直纹面"(或单击"曲面"工具栏中的"直纹面"按钮,打开"直纹"面对话框,如图 5-3 所示)。

在"对齐"下拉列表框中,系统提供了两种对齐方式,下面分别进行介绍。

参数:用于将截面线串要通过的点以相等的参数间隔隔开。目的是让每个曲线的整个长度完全被等分,此时创建的曲面在等分的间隔点处对齐。若整个截面线上包含直线,则用等弧长的方式间隔点。若包含曲线,则用等角度的方式间隔点。

根据点:用于不同形状的截面线的对齐,特别是当截面线有尖角时,应该采用点对齐方式。例如,当出现三角形截面和长方形截面时,由于边数不同,需采用点对齐方式,否则可能

导致后续操作错误,如图 5-4 所示。

图 5-3　"直纹"曲面对话框

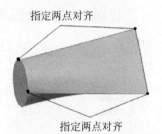

图 5-4　"根据点"对齐创建

直纹面操作步骤如下。

(1) 进入如图 5-3 所示对话框,选择如图 5-5 所示圆作为截面线串 1。

(2) 单击图 5-5 所示截面线串 2 图标 ,选择三角形(注意选择时鼠标靠近线端点为方向起始点),如方向不一致则单击方向图标 ,选择方向,保证与截面线串 1 同向,对齐方式选择"根据点"→确定,结果如图 5-5 所示。

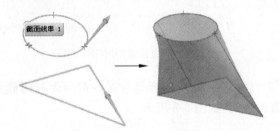

图 5-5　直纹曲面的创建

5.2.2　通过曲线组

该方法是指通过一系列轮廓曲线(大致在同一方向)建立曲面或实体。轮廓曲线又叫截面线串。截面线串可以是曲线、实体边界或实体表面等几何体。其生成特征与截面线串相关联,当截面线串编辑修改后,特征会自动更新。

"通过曲线组"方式与"直纹面"方法类似,区别在于"直纹面"只适用两条截面线串,并且两条截面线串之间总是相连的。而"通过曲线组"最多允许使用 150 条截面线串。

执行"插入"→"网格曲面"→"通过曲线组"命令(或者单击"曲面"工具栏中的"通过曲线组"按钮),打开"通过曲线组"对话框,如图 5-6 所示。

"连续性":用于控制生成曲面与其相邻曲面的连接情况,主要有 G0(一般连接)、G1(相切连接)、G2(曲率连接)三种情况。其连接曲率显示情况如图 5-7 所示。

图 5-6　"通过曲线组"对话框

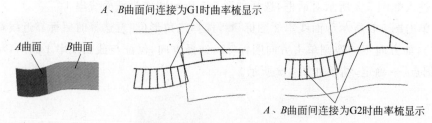

图 5-7　曲面连接 G1/G2 区别

输出曲面选项中"垂直终止截面"：主要是针对各截面为封闭截面时，生成曲面或实体走向分别垂直于终止截面法向，如图 5-8 所示。

(a) 未勾选"垂直于终止截面"　(b) 勾选"垂直于终止截面"

图 5-8　通过曲线组"垂直于终止截面"创建

操作步骤如下。

如图 5-9(a)所示，通过三条封闭曲线"圆"、"椭圆"、"圆"创建曲面，且需与上下两曲面 A、曲面 B 相切。

进入通过曲线组对话框→选择上部圆→"中键"确认或单击添加新集图标 ✛→选择中部椭圆(注意"方向"和"起始点"需与第一组截面线相同)→"中键"确认或单击添加新集图标 ✛，选择中部椭圆(注意"方向"和"起始点"需与第一组截面线相同)，如图 5-9(b)所示→在

"连续性"选项设置第一截面为 G1→选择上边曲面 A→设置最后截面为 G1→选择下边曲面 B→确定,结果如图 5-9(c)所示。

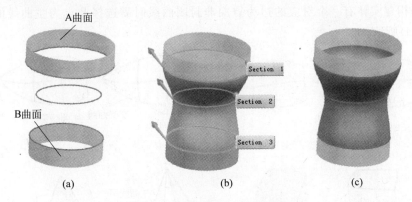

图 5-9　"通过曲线组"曲面创建

5.2.3　通过曲线网格

执行"插入"→"网格曲面"→"通过曲线网格"命令(或者单击"曲面"工具栏中的"通过曲线网格"按钮),打开"通过曲线网格"对话框,如图 5-10 所示。下面对常用选项分别进行介绍。

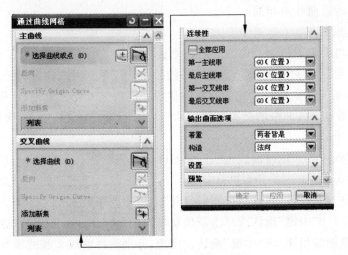

图 5-10　"通过曲线网格"对话框

该方法是指用主曲线和交叉曲线创建曲面的一种方法。其中主曲线是一组同方向的截面线串,而交叉曲线是另一组大致垂直于主曲线的截面线。通常把第一组曲线线串称为主曲线,把第二组曲线线串称为交叉曲线。由于没有对齐选项,在生成曲面、主曲线上的尖角不会生成锐边。"通过曲线网格"曲面建模有以下几个特点。

(1) 当需建立的特征为曲面时,主曲线和交叉曲线可以互换,如图 5-11(a)所示。

(2) 当构建曲面有一个对应的边为点而非曲线时需选择此点为主曲线的第一点,如图 5-11(b)所示。

（3）当需建立的特征为空间实体时，主曲线和交叉曲线不能互换（选封闭曲线为主曲线，开放曲线为交叉曲线，如图 5-11（c）所示）。

（4）当构建实体有一个对应的边为点而非封闭曲线时需选择此点为主曲线的第一点，如图 5-11（d）所示。

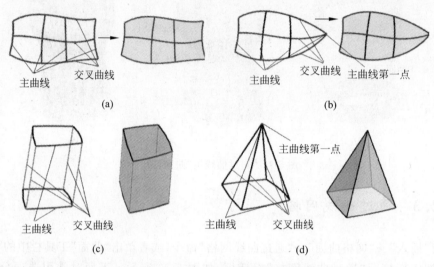

图 5-11　"主曲线"与"交叉曲线"的用法

连续性：与通过曲线组相同。

输出曲面选项如下。

"着重"：单击右侧下拉箭头，共有"两者皆是"、"主要"和"叉号"三种。

- "两者皆是"：通过主曲线和交叉曲线的公差直接影响生成曲面的公差。
- "主要"：通过主曲线的公差直接影响生成曲面的公差，交叉曲线不影响。
- "叉号"通过交叉曲线的公差直接影响生成曲面的公差，主曲线不影响。

操作步骤如下。

根据所给曲线，利用"通过曲线组"和"通过曲线网格"命令创建如图 5-12 所示图形。

（1）打开 Project/tu5-12.prt，执行"插入"→"网格曲面"→"通过曲线组"命令（或者单击"曲面"工具栏中的"通过曲线组"按钮），打开"通过曲线组"对话框，如图 5-6 所示，选取如图 5-12 所示曲线 1→"中键"确认或单击添加新集图标 ✦ →选择曲线 2（注意"方向"和"起始点"需与第一组截面线相同）→"中键"确认。同理，分别选择曲线 2 和曲线 3 创建曲面、曲线 3 和曲线 4 创建曲面、曲线 4 和曲线 5 创建曲面，结果如图 5-13 所示。

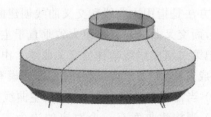

图 5-12　油桶模型　　　　　　　　　　　图 5-13　"通过曲线组"创建油桶模型上体

（2）执行"插入"→"网格曲面"→"通过曲线网格"命令（或者单击"曲面"工具栏中的"通过曲线网格"按钮），打开"通过曲线网格"对话框，如图 5-10 所示。

选取如图 5-12 所示曲线 6→"中键"确认或单击添加新集图标 ✛→选择曲线 7（注意"方向"和"起始点"需与第一组截面线相同）→"中键"确认。

单击"交叉曲线"选项图标 ◪，选取如图 5-12 所示曲线 5→"中键"确认或单击添加新集图标 ✛，用同样的方法依次选择曲线 5 至曲线 8 曲线（注意"方向"和"起始点"需与第一组截面线均相同）→"中键"确认，结果如图 5-14（a）所示。

单击"插入"→"关联复制"→"镜像体"→选择图 5-14（a）刚创建片体作为"镜像体"→选择 YZ 平面作为镜像平面→确定，结果如图 5-14（b）所示。

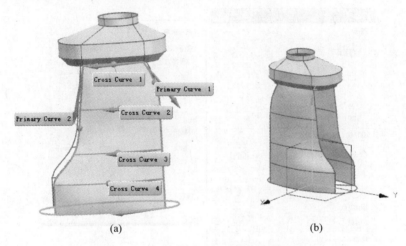

(a)　　　　　　　　(b)

图 5-14　"通过曲线网格"创建油桶模型主体 1

（3）同理，利用"通过曲线网格"命令分别选取如图 5-15（a）所示曲线作为主曲线和交叉曲线，在"通过曲线网格"对话框"连续性"选项中选取"第一主线串"右侧下拉箭头为"G1"→选取与其相切的右边曲面作为相切面→选取"最后主线串"右侧下拉箭头为"G1"→选取与其相切的左边曲面作为相切面，如图 5-15（a）所示→"确定"，利用统一的方法即可创建另一面。结果如图 5-15（b）所示。

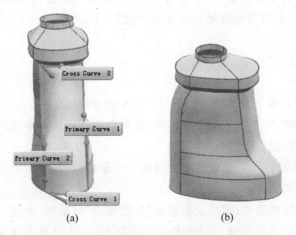

(a)　　　　　　　　(b)

图 5-15　"通过曲线网格"创建油桶模型主体 2

单击"插入"→"曲面"→"有界平面"→选取底部曲线→确定→生成平面曲面。

5.2.4　扫掠

扫掠是使用轮廓曲线沿空间路径扫掠而成,其中扫掠路径称为引导线(最多 3 根),轮廓线称为截面线。引导线和截面线均可以由多段曲线组成,但引导线必须一阶导数连续。

该方法是所有曲面建模中最复杂、最强大的一种,在工业设计中使用广泛。

创建扫掠曲面,执行"插入"→"扫掠"→"扫掠"命令(或者单击"曲面"工具栏中的"扫掠"按钮),打开"扫掠"对话框,如图 5-16 所示。

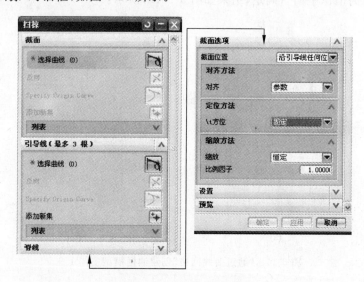

图 5-16　"扫掠"对话框

"截面线"和"引导线"含义与建模"沿引导线"扫掠命令相同,下面重点介绍"截面选项"各参数含义。

* 截面位置

单击"截面位置"右侧下拉箭头,主要有"引导线末端"和"沿引导线任何位置"两项。前者与断面的位置有关,后者与断面的位置无关,如图 5-17 所示。

* 对齐方法

含义同"通过直纹面"命令。

* 定位方法

单击"定位方法"右侧下拉箭头,弹出如图 5-18 所示快捷菜单。

固定:选择该选项,则不需重新定义方向,将按照截面线所在平面的法线方向生成几何体,并将沿着引导线保持这个方向。

面的法向:选择该选项,则系统会要求选取一个曲面,以所选取的曲面向量方向和沿着引导线的方向产生几何体。

矢量方向:若选取该选项,则系统会显示"矢量构造"对话框,并以"矢量副功能"对话框定义扫描曲面的方位。其几何体会以所定义向量为方位,并沿着引导线的长度创建。如矢量方向与引导线相切，则系统将显示错误信息。如图 5-19 所示为不同方位生成曲面的 U/V 方向变化。

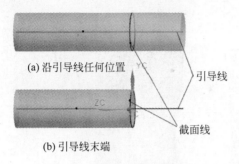

(a) 沿引导线任何位置

(b) 引导线末端

图 5-17　截面线位置创建

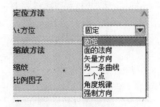

图 5-18　"定位方法"快捷菜单

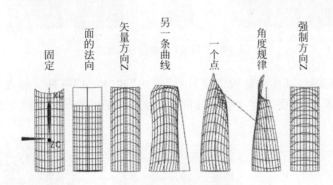

图 5-19　扫掠"定位方法"创建

- 缩放方法

单击"缩放方法"右侧下拉箭头，弹出如图 5-20 所示快捷菜单。该对话框用于选取单一引导线时，定义片体的比例变化。比例变化用于设置截面线在通过引导线时，断面线尺寸的放大与缩小比例。

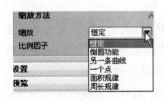

图 5-20　"缩放方法"快捷菜单

恒定：若选取该选项，可输入截面与产生片体的缩放比例，该选项会以所选取的截面为基准线，若将缩放比例设为 0.5，则所创建的片体大小将会为当前截面的一半。

倒圆功能：若选取该选项，则可定义所产生片体的起始缩放值与终止缩放值，起始缩放值可定义所产生片体的第一剖面大小，终止缩放值可定义所产生片体的最后剖面大小。其缩放标准以所选取的截面为准。

另一曲线：若选取该选项，则所产生的片体将以所指定的另一曲线为一条母线沿引导线创建。

一个点：若选取该选项，则系统会以断面、引导线、点 3 个对象定义产生的片体缩放比例。

面积规律：该选项可用法则曲线定义片体的比例变化方式。

周长规律：该选项与面积法则的选项相同，其不同之处仅在于使用周长规律时，曲线 Y 轴定义的终点值为所创建片体的周长，而面积规律定义为面积大小。如图 5-21 所示为各缩放方法的片体创建。

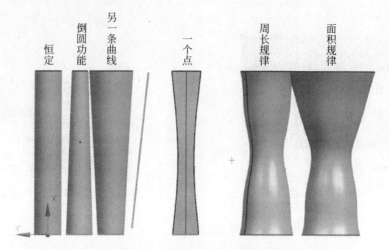

图 5-21　扫掠"缩放方法"创建

当引导线为两条时，其比例缩放选项只有"横向"和"均匀"两种。前者与引导线间距无关，后者生成的片体，其断面高度和引导线间距有关。如图 5-22(b)和图 5-22(c)所示。

　　　　(a)　　　　　　　　(b)缩放方法为"横向"　　　　(c)缩放方法为"均匀"

图 5-22　两条引导线创建

5.2.5　截面

创建截面可以理解为在截面曲线上创建曲面。主要是利用与截面曲线相关的条件来控制一组连续截面曲线的形状，从而生成一个连续的曲面。其特点是垂直于脊线的每个横截面内均为精确的二次(三次或五次)曲线。在飞机机身和汽车覆盖件建模中应用广泛。

执行"插入"→"网格曲面"→"截面"命令(或者单击"曲面"工具栏中的"剖切曲面"按钮)，打开"剖切曲面"对话框，如图 5-23 所示。

在 UG NX 8.0 中系统提供了 18 种截面曲面类型，其中"Rho"是投射判别式，是控制截面线"丰满度"的一个比例值。"顶点线串"完全定义截型体所需数据。其他线串控制曲面的起始和终止边缘以及曲面形状。

下面介绍其中常用的几种截面曲面类型，其余类型可参考其学习。

"端点-顶点-肩点"：如图 5-24(a)所示，分别指定生产曲面的"起始引导线"、"终止引导线"、"肩线"、"顶线"及"脊线"。

"端点-斜率-肩点"：如图 5-24(b)所示，分别指定生成曲面的"起始引导线"、"终止引导线"、"起始斜率"、"终止斜率"、"肩线"及"脊线"。

图 5-23   剖切曲面对话框

"端点-斜率-Rho"：如图 5-24(c)所示，分别指定生成曲面的"起始引导线"、"终止引导线"、"起始斜率"、"终止斜率"、"Rho 值"及"脊线"。

"圆"：如图 5-24(d)所示，分别指定生成曲面的"起始引导线"、"方位引导线"、"半径值"及"脊线"。

"圆角-桥接"：如图 5-24(e)所示，分别指定生成曲面的"起始引导线"、"终止引导线"、"起始斜率控制面"、"终止斜率控制面"、"控制区域值"及"脊线"。

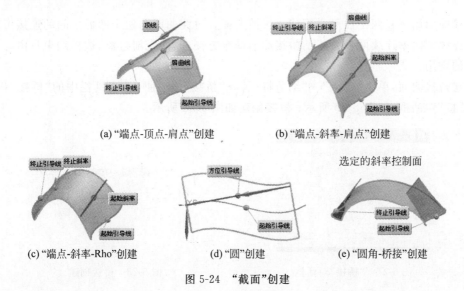

(a) "端点-顶点-肩点"创建   (b) "端点-斜率-肩点"创建

(c) "端点-斜率-Rho"创建   (d) "圆"创建   (e) 圆角-桥接"创建

图 5-24   "截面"创建

5.2.6　N 边曲面

N 边曲面用于创建一组由端点相连曲线封闭的曲面，并指定其与外部面的连续性。

创建 N 边曲面，执行"插入"→"网格曲面"→"N 边曲面"命令（或者单击"曲面"工具栏中的"N 边曲面"按钮），打开"N 边曲面"对话框，如图 5-25 所示。

如图 5-26(a)所示分别选取四边形→设置"类型"选项为"三角形"→调整"中心控制"选项中 X、Y、Z 个调杆，结果如图 5-26(b)所示。

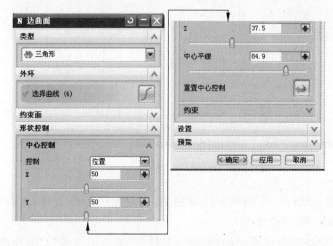

图 5-25　"N 边曲面"对话框　　　　　　　图 5-26　N 边曲面的创建

5.2.7　桥接曲面

桥接曲面用于在两个曲面之间建立过渡曲面。过渡曲面与两个曲面之间的连接可以采用相切连续或曲率连续两种方式。桥接曲面简单方便，曲面光滑过渡，边界约束自由。为曲面过渡的常用方式。

创建桥接曲面，单击"插入"→"细节特征"→"桥接"→"曲面"工具栏中的"桥接"按钮，打开"桥接"对话框，如图 5-27 所示；桥接创建如图 5-28 所示。

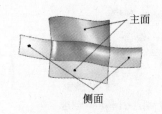

图 5-27　"桥接"对话框　　　　　　　　图 5-28　桥接创建

对该对话框中常用选项的功能说明如下。

主面：用于选择两个主面。单击该按钮，指定两个需要连接的表面。在指定表面后,系统将显示表示向量方向的箭头。指定片体上不同的边缘和拐角,箭头显示会不断更新,此箭头的方向表示片体生成的方向。

　　側面:用于指定侧面。单击该按钮,指定一个或两个侧面,作为生成片体时的引导侧面,系统依据引导侧面的限制而生成片体的外形。

　　第一侧面线串:单击该按钮,指定曲线或边缘,作为生成片体时的引导线,以决定连接片体的外形。

　　第二侧面线串:单击该按钮,指定另一条曲线或边缘,与上一个按钮配合,作为生成片体的引导线,以决定连接片体的外形。

　　相切:选择该选项,沿原来表面的切线方向和另一个表面连接。

　　曲率:选择该选项,沿原来表面圆弧曲率半径与另一个表面连接,同时保证相切的特性。

5.2.8　规律延伸

　　规律延伸曲面是指在已有片体或表面上曲线或原始曲面的边,生成基于曲面的长度和角度,可按指数函数规律变化地建立延伸曲面。其主要用于扩大曲面,通常采用近似方法建立。

　　创建规律延伸曲面,执行“插入”→“弯边曲面”→“规律延伸”命令(或者单击“曲面”工具栏中的“规律延伸”按钮,打开“规律延伸”对话框,如图 5-29 所示)。

　　如图 5-30 所示为规律延伸曲面创建,选择生成曲面的边缘→指定方向→设置延伸距离值和角度值→确定。

图 5-29　“规律延伸”对话框

图 5-30　规律延伸曲面创建

5.2.9 偏置曲面

偏置曲面用于创建原有曲面的偏置平面,即沿指定平面的法向偏置点来生成用户所需的曲面。其主要用于从一个或多个已有的面生成曲面,已有面称为基面,指定的距离称为偏置距离。

创建偏置曲面,执行"插入"→"偏置\缩放"→"偏置曲面"命令(或者单击"曲面"工具栏中的"偏置平面"按钮),打开"偏置平面"对话框,如图 5-31 所示。

偏置曲面操作比较简单,选取基面后,设置偏置距离,单击"确定"按钮便完成偏置曲面操作。

5.2.10 可变偏置曲面

偏置曲面用于创建原有曲面的偏置平面,与"偏置曲面"用法相同,唯一不同的是,可设置偏置曲面的 4 个点距离不同。

创建偏置曲面,执行"插入"→"偏置\缩放"→"可变偏置曲面"命令(或者单击"曲面"工具栏中的"可变偏置平面"按钮),选择要偏置的面,打开"可变偏置平面"对话框,如图 5-32 所示。

图 5-31 "偏置曲面"对话框

图 5-32 可变偏置曲面"点"位置创建对话框

可变偏置曲面操作比较简单,选取偏置曲面后,弹出如图 5-32 所示的对话框,分别指定曲面 4 个点,设置偏置距离,单击"确定"按钮便完成偏置曲面的操作。如图 5-33 所示。

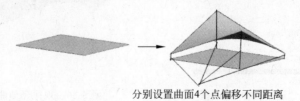

分别设置曲面4个点偏移不同距离

图 5-33 可变偏置曲面的创建

5.2.11　艺术曲面

该方式是指用任意数量的截面和引导线来创建艺术曲面。其与通过曲线网格创建曲面类型相似，也是通过一条引导线来创建曲面。利用该选项可以改变曲面的复杂程度，而不必重新创建曲面。

创建艺术曲面，执行"插入"→"网格曲面"→"艺术曲面"命令（或者单击"自由曲面形状"工具栏中的"艺术曲面"按钮），打开"艺术曲面"对话框，其创建过程与通过曲线网格创建曲面类型相似，在此不再叙述。

5.3　编辑曲面

对于创建的曲面，往往需要通过一些编辑操作才能满足设计要求。曲面编辑操作作为一种高效的曲面修改方式，在整个建模过程中起着非常重要的作用。可以利用编辑功能重新定义曲面特征的参数，也可以通过变形和再生工具对曲面直接进行编辑操作。

曲面的创建方法不同，其编辑的方法也不同，下面对几种常用的曲面编辑方法进行讲述。

5.3.1　X 成形

该方法是指通过一系列的变换类型以及高级变换方式对曲面的点进行编辑，从而改变原曲面。

单击"编辑"→"曲面"→"X 成形"（或单击"曲面编辑"工具栏中的"X 成形"按钮），打开"X 成形"对话框，如图 5-34 所示。

下面通过创建如图 5-35 所示的"花瓶"来讲解 X 成形命令的用法。

操作步骤如下。

（1）绘制 ϕ40 圆，并拉伸长 140，拉伸类型为"片体"，如图 5-36 所示。

（2）单击"编辑"→"曲面"→"X 成形"→选择刚才拉伸的圆柱片体→设置"阶次"U 为 5 阶、V 为 3 阶；设置"补片"U 为 20、V 为 1，结果如图 5-37(a)所示。

选中如图 5-37(a)所示第二行所有极点→单击"X 成形"对话框"移动"→选择"法向"→向内部移动，如图 5-37(b)所示，按住键盘 Shift 键，选中如图 5-37(a)所示第二行所示极点，取消极点选取。同理选择第三行极点并往外法向移动，结果如图 5-37(b)所示。

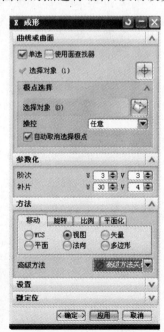

图 5-34　"X 成形"对话框

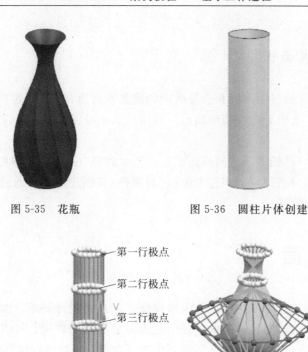

图 5-35　花瓶　　　　　　　　图 5-36　圆柱片体创建

第一行极点
第二行极点
第三行极点

(a) 极点创建　　　　　(b) 极点移动

图 5-37　极点的创建和移动

　　把图 5-37(b)所示图形往下投影,作为俯视图观察视图如图 5-38 所示。

　　按住 Shift 键,选中如图 5-38(a)所示极点(间隔一个点),取消极点(间隔一个点)选取。结果如图 5-38(a)所示,橙色为选中的极点、灰色为取消极点。

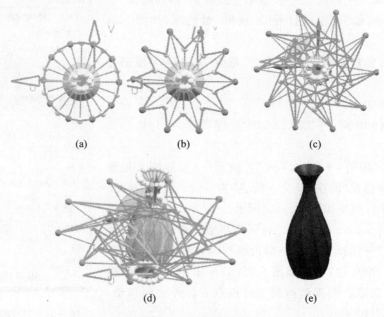

(a)　　　　　　　　(b)　　　　　　　　(c)

(d)　　　　　　　　(e)

图 5-38　花瓶的创建

单击"X 成形"对话框"移动"→选择"法向"→向外移动,如图 5-38(b)所示。

单击"X 成形"对话框"旋转"→选择"ZC"作为选择轴,把选中极点绕 ZC 轴旋转一定角度,使其外形达到如图 5-38(d)所示。

单击"插入"→"曲面"→"有界平面"→选取底部分别曲线→确定→生成平面曲面。

5.3.2　等参数裁剪/分割

该方法是指按照一定的百分比在曲面的 U 方向和 V 方向进行等参数的修剪和分割。

单击"编辑曲面"工具栏中的"等参数修剪/分割"按钮,打开"修剪/分割"对话框,如图 5-39 所示。下面介绍"等参数修剪"的用法,"等参数分割"用法与"等参数修剪"类似。

图 5-39　"修剪/分割"对话框

进入"修剪/分割"对话框→单击"等参数修剪"按钮,弹出如图 5-39(b)所示对话框,设置 U 最小值 50%,V 最小值 50%→确定,结果如图 5-40 所示,箭头指向保留边。

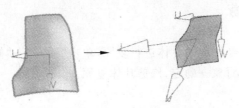

图 5-40　等参数裁剪/分割创建

5.3.3　修剪的片体

用现有的曲线、面或基准平面修剪片体特征,单击"插入"→"修剪"→"修剪的片体"命令,弹出"修剪的片体"对话框如图 5-41 所示。

投影方向:指用来修剪片体曲线的投影方向,共有"垂直于面"、"垂直于曲线平面"和"矢量"三种。

区域:用于指定修剪片体后的保留侧,主要有"保持"和"舍弃"两种。"保持"指修剪片体后,鼠标所选取曲面侧(相对于用来修剪的曲线、面或基准平面)将被保留;"舍弃"指修剪片体后,鼠标所选取曲面侧(相对于用来修剪的曲线、面或基准平面)将被去除。

设置:通过设置选项勾选保存目标,则修剪后原来片体仍然存在。

其操作步骤比较简单,下面通过具体实例介绍命令的用法。

打开 Project05/Tu5-42.prt,单击"插入"→"修剪"→"修剪的片体"命令→进入修剪片体对话框→选择如图 5-42(a)所示区域片体作为目标→选取曲线作为边界对象→投影方向设置为矢量 Z→确定,结果如图 5-42(b)所示。

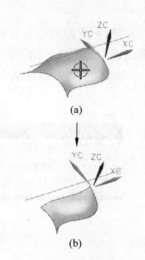

图 5-41　"修剪的片体"对话框　　　　　　图 5-42　修剪片体的创建

5.3.4　取消修剪

该指令主要用于对已经修剪的片体进行复原,单击"插入"→"修剪"→"取消修剪"命令选择要取消修剪片体作为对象→确定,修剪片体复原。

5.3.5　修剪与延伸

该指令主要用于对片体某一边进行相切延伸,单击"插入"→"修剪"→"修剪与延伸"命令,打开"修剪与延伸"对话框,如图 5-43 所示。选择要取片体边缘作为对象→输入延伸距离值→确定,片体指定边延伸。

5.3.6　扩大曲面

选项用于在选取的被修剪的或原始的表面基础上生成一个扩大或缩小的曲面。

扩大曲面,单击"编辑"→"曲面"→"扩大"(或者单击"编辑曲面"工具栏中的"扩大"曲面按钮),打开"扩大"曲面对话框,如图 5-44 所示。

对该对话框中各项参数说明如下。

图 5-43   "修剪和延伸"对话框

图 5-44   "扩大"面对话框

全部：用于同时改变 U 向和 V 向的最大和最小值。只要移动其中一个滑块，便可以移动其他滑块。

重置调整大小参数：用于进行重新开始编辑面。

线性：是指曲面上延伸部分是沿直线延伸而成的直纹面。该选项只能扩大曲面，不可以缩小曲面。

自然：是指曲面上的延伸部分是按照曲面本身的函数规律延伸。该选项既可以扩大曲面也可以缩小曲面。

选择要扩大的面→分别调整 U 向和 V 向的滑块→确定，选定的面将扩大或缩小。

5.3.7   变换曲面

该选项是指通过动态方式对曲面进行一系列的缩放、旋转或平移操作，并移除特征的相关参数。

创建变换曲面，单击"编辑"→"曲面"→"变换"（或者单击"编辑曲面"工具栏中的"变换曲面"按钮），打开"变换曲面"对话框，如图 5-45(a)所示。

"编辑原片体"：直接对原片体进行编辑变换。

"编辑副本"：对要编辑片体进行复制备份，再对复制后的片体进行编辑变换。

选择要变换的片体后→将弹出如图 5-45(b)所示变换面参考"点"选择的对话框→设置参考点→弹出如图 5-45(c)所示"变换曲面"对话框。通过动态方式对曲面进行一系列的缩放、旋转或平移操作。

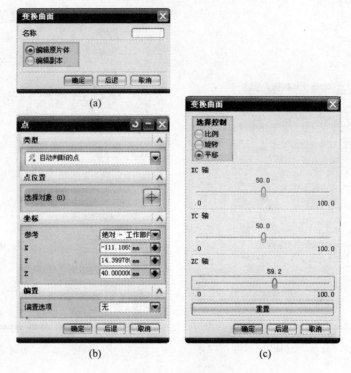

图 5-45　变换曲面

任务分析及实施

1. 任务分析

从任务"鲨鱼模型"图片可以看出,此特征主要由曲面组成,其曲面形状属于中等复杂,一般像这样的曲面实体造型思路是:先整体,再局部,先易后难;具体造型的时候,应该像前面项目实例一样,把模型分为若干个小特征,再把这些小特征组合起来。对于由许多曲面组成的特征,应先把构成各曲面的空间曲线构建好,再生成曲面,然后利用"缝合"命令把创建好的曲面缝合成实体。

本任务"鲨鱼模型"的特征主要有鱼身、鱼翅、鱼尾及细部结构,将各特征依次进行造型设计。

2. 任务实施

1)鱼身创建

(1)绘制三维空间曲线

新建草图→进入草图环境→在 XY 平面绘制如图 5-46(a)所示的曲线;同理,新建草图在 XY 平面绘制如图 5-46(b)所示的曲线;在 XZ 平面分别绘制如图 5-46(c)和图 5-46(d)所示的曲线(注:XY 平面和 XZ 平面绘制的图形需约束左右两端对齐)。

选择"插入"→"来自曲线集的曲线"→"组合投影"命令,在弹出的"组合投影"对话框中选取如图 5-47(a)所示曲线 1 作为第一投影曲线→选取曲线 3 作为第二投影曲线→确定,结

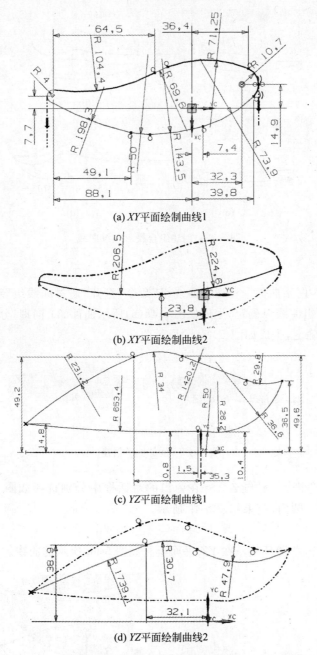

(a) XY平面绘制曲线1

(b) XY平面绘制曲线2

(c) YZ平面绘制曲线1

(d) YZ平面绘制曲线2

图 5-46　"鲨鱼身"二维曲线绘制

果如图 5-47(b)曲线 4 所示。

　　同理,选取曲线 2 作为第一投影曲线→选取曲线 3 作为第二投影曲线→确定,结果如图 5-47(b)曲线 5 所示;选取如图 5-47(c)所示曲线 6 作为第一投影曲线→选取曲线 8 作为第二投影曲线→确定,结果如图 5-47(d)曲线 9 所示,选取曲线 7 作为第一投影曲线→选取曲线 8 作为第二投影曲线→确定,结果如图 5-47(d)曲线 10 所示。

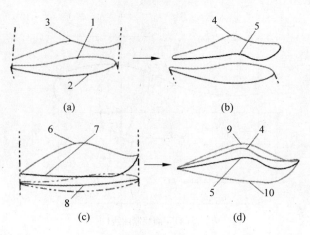

（a） （b）

（c） （d）

图 5-47 创建组合投影三维曲线

（2）曲面创建

执行"插入"→"网格曲面"→"通过曲线组"命令，打开"通过曲线组"对话框→分别选取曲线 9、4、5 作为三组曲线→确定，生成如图 5-48(a)所示曲面 A；同理，分别选取曲线 9、10、5 作为三组曲线→确定，生成如图 5-48(b)所示曲面 B。

（a） （b）

图 5-48 鱼身外形创建

单击"插入"→"组合"→"缝合"→在弹出的对话框中分别选择如图 5-48 所示曲面 A、B→确定，棱边倒 R2 圆角，结果如图 5-49 所示。

2）鱼嘴的创建

新建草图→进入草图环境→在 YZ 平面绘制如图 5-50 所示的曲线。

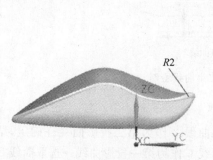

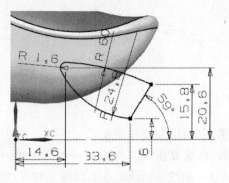

图 5-49 鱼身曲面实体化及倒圆角 图 5-50 鱼嘴曲线创建

（1）利用拉伸命令，选取图 5-50 所示曲线，"拉伸开始"设置为对称拉伸，值为 55→"布尔运算"设置为"求差"→确定；棱边倒 R1 圆角，结果如图 5-51(a)所示。

（2）通过选取如图 5-50 所示曲线,创建基准与下端曲线相切,结果如图 5-51(b)所示;新建草图→进入草图环境→选取刚创建的基准平面作为绘图平面,绘制如图 5-51(c)所示图形。

（3）利用拉伸命令,选取图 5-51(c)所示曲线,"拉伸开始"设置为-1,结束值为 1.6→"布尔运算"设置为"求和"→确定,结果如图 5-51(d)所示。

（4）使用与步骤(1)～(3)同样的方法创建鱼嘴上排牙齿,棱边倒圆,结果如图 5-51(e)～图 5-51(h)所示。

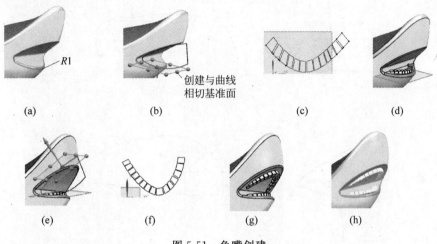

图 5-51　鱼嘴创建

3）鱼眼睛创建

（1）把鱼头摆放在如图 5-52(a)所示位置,执行"格式"→WCS→"定向"→在坐标系类型下拉项选取"当前视图的 CSYS"。

（2）执行"格式"→WCS→"原点"把坐标系放置于图 5-52(a)当前视图位置,新建草图→进入草图环境→在 XY 平面通过原点绘制如图 5-52(a)所示的 $\phi3$ 圆。

（3）拉伸圆,拉伸值"起始"设置为-1.5,"结束"设置为 1.5,"布尔运算"选择"求和",棱边倒圆,结果如图 5-52(b)和图 5-52(c)所示。

（4）执行"插入"→"设计特征"→"球"→设置球直径为 1.5,位置为圆柱上表面圆心→"求和"→确认,结果如图 5-52(d)所示。利用同样的方法作出右边眼睛,结果如图 5-52(e)所示。

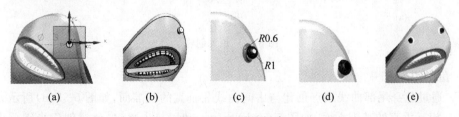

图 5-52　鱼眼的创建

4）鱼翼的创建

（1）执行"插入"→"基准点"→"基准平面"→选择绝对坐标系 XY 平面→偏置距离设置为 40,方向 Z 正向,结果如图 5-53(a)所示;新建草图→进入草图环境→选取刚创建的基准平面作为绘图平面,绘制如图 5-53(b)所示的图形。

（2）执行"插入"→"基准点"→"基准平面"→选取如图 5-53（c）所示图形直线，并垂直于 XY 平面，创建如图 5-53（c）所示基准平面；新建草图→进入草图环境→选取刚创建的基准平面作为绘图平面，绘制如图 5-53（d）所示图形。

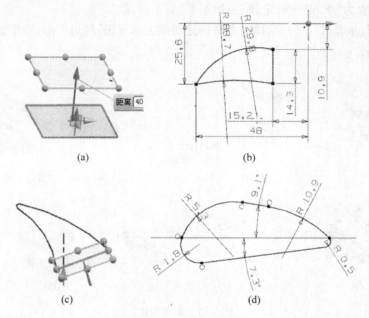

图 5-53　鱼翼曲线创建

（3）执行"插入"→"扫掠"→"扫掠"→在弹出的"扫掠"对话框中选择如图 5-54（a）所示曲线 1 作为截面线，曲线 2、曲线 3 分别作为引导线→确定，结果如图 5-54（b）所示。

（4）执行"插入"→"关联复制"→"镜像体"，选取刚创建的特征→镜像平面选取 YZ 平面→确定，结果如图 5-54（c）所示。

图 5-54　鱼翼创建

5）鱼尾的创建

（1）通过鱼身尾部曲线端点创建与中间曲线相垂直的基准面，如图 5-55（a）所示，同理，创建另一相互垂直的基准平面，如图 5-55（b）所示。利用与步骤（4）鱼翼创建步骤分别创建曲线和曲面，结果如图 5-55（c）～图 5-55（e）所示。

（2）执行"插入"→"关联复制"→"镜像体"，选取刚创建的特征→镜像平面选取通过图 5-55（d）所示的平面→确定，结果如图 5-56 所示。

6）鱼鳍创建

其创建方法与 5）相同，相关曲线尺寸如图 5-57（a）和图 5-57（b）所示。

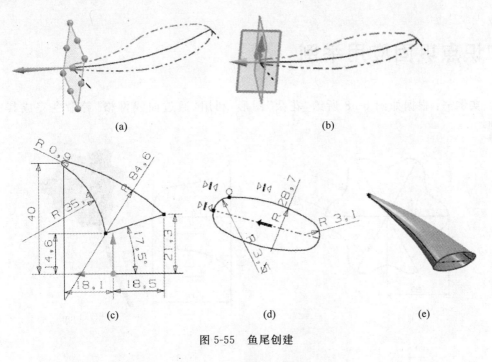

图 5-55   鱼尾创建

图 5-56   鱼尾镜像操作

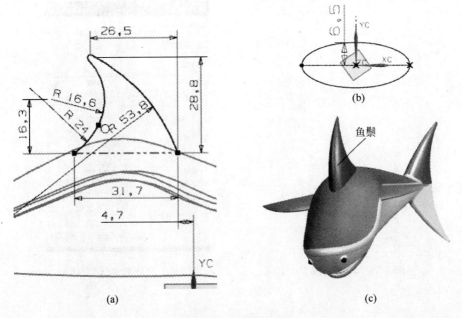

图 5-57   鱼鳍的创建

知识点巩固应用举例

实例一：根据如图 5-58 所给"花朵"图形，利用"通过曲线网格"等命令完成其三维造型。

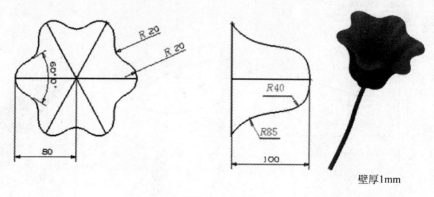

壁厚1mm

图 5-58　花朵

绘制步骤如下：

1. 绘制主视图曲线

执行"插入"→"任务中草图"→选取 X、Y 作为绘图平面→绘制如图 5-59 所示的二维图形→"完成草图"。

在草图模式里单击阵列曲线图标 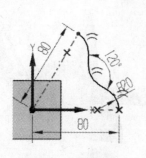，在弹出的对话框中分别设置如图 5-60 所示，单击"确定"按钮，结果如图 5-61 所示。

图 5-59　花朵曲线 1　　　　　　图 5-60　"阵列曲线"对话框

2. 绘制左视图曲线

执行"插入"→"任务中草图"→选取 X、Z 作为绘图平面→确定,绘制如图 5-62 所示的二维图形。

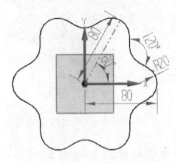

图 5-61　花朵曲线 2

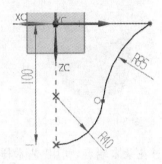

图 5-62 花朵曲线 3

执行"插入"→"关联复制"→"实例几何特征"→选择如图 5-62 绘制的曲线,在弹出的对话框中,设置如图 5-63 所示→确定,结果如图 5-64 所示。

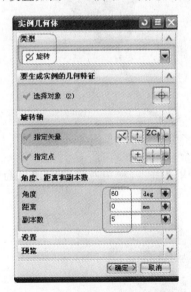

图 5-63　"实例几何体"对话框

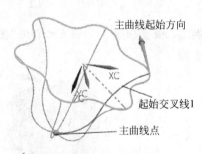

图 5-64　花朵曲线 4

3. 创建花朵曲面体

(1) 执行"插入"→"网格曲面"→"通过曲线网格"命令,打开"通过曲线组"对话框→选取图 5-64 中底部曲线"交点"作为主曲线 1→"中键"→选取顶部封闭曲线作为主曲线 2→"中键"(以 X 轴方向对应曲线段作为起始方向)。

(2) 分别选取图 5-64 中侧边曲线作为起始交叉曲线(以 X 轴方向对应曲线段作为起始交叉曲线 1)→"中键"→以同样操作方法,按顺时针或逆时针依次选择侧边各曲线作为交叉曲线 2……、交叉曲线 6→最后再次选取起始交叉曲线 1 作为结束→确定,生成如图 5-65 所示实体。

(3) 利用"抽壳"命令,选取如图 5-65 所示开口面作为抽空面→厚度设置为 1mm→确定,结果如图 5-66 所示。

图 5-65　花朵实体创建　　　　　　　　图 5-66　花朵抽壳创建

（4）通过花朵末端点,利用"艺术样条"曲线命令绘制如图 5-67 所示图形,再利用管道特征,设置管道外径为 8mm,内径为 0mm,"布尔运算"求和→确定,结果如图 5-67 所示。

图 5-67　花朵枝干曲线创建　　　　　　图 5-68　花朵

实例二：根据如图 5-69 所给"苹果"图形,自由构建曲线,利用所学曲面建模命令完成其三维造型。

图 5-69　苹果

绘制步骤如下：

1. 绘制苹果外形曲线 1

执行"插入"→"曲线"→"艺术样条曲线"→在 XY 平面内分别通过点 $a(0,43)$；$b(-40,55)$；$c(-50,0)$；$d(-10,-42)$；$e(0,-30)$ 生成如图 5-70 所示的样条曲线。

2. 利用旋转命令

选取图 5-70 所示的曲线为截面线→设置 Y 轴为旋转轴→旋转角度为 360°→确定,结果如图 5-71 所示。

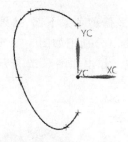

图 5-70　苹果外形曲线 1　　　　　　　　图 5-71　苹果外形

3. 绘制苹果底部形状曲线

（1）在 XZ 平面，作一半径为 10mm 通过点 $d(-10,-42)$ 的圆方程，即 $xt = 10 * \cos(t * 360)$；$zt = 10 * \sin(t * 360)$；在 Y 方向再作一幅值为 1mm，周期为 5 个周期的正弦方程即 $yt = -42 + \sin(t * 360 * 5)$。

（2）执行"工具"→"表达式"→在弹出对话框中分别赋予 $t = 1$，$xt = 10 * \cos(t * 360)$；$zt = 10 * \sin(t * 360)$；$yt = -42 + \sin(t * 360 * 5)$→确定，完成表达式的建立，结果如图 5-72 所示。

（3）单击"规律曲线"命令图标 ~，分别设置如图 5-73 所示对话框，单击"确定"按钮，生成曲线如图 5-74 所示。

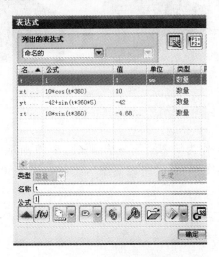

图 5-72　"表达式"对话框

图 5-73　"规律曲线"对话框

（4）单击"镜像曲线"命令图标 →选择图 5-70 所示曲线→镜像平面为 YZ→确定，结果如图 5-75 所示。

图 5-74　规律曲线

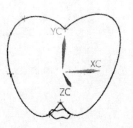

图 5-75　镜像曲线

（5）执行"插入"→"修剪"→"修剪体"→利用 XZ 修剪苹果下部，结果如图 5-76 所示。

（6）执行"插入"→"网格曲面"→"通过曲线网格"，分别把如图 5-76 所示顶点 1、曲线 1、曲线 2 作为"主曲线"；曲线 3、曲线 4 作为交叉曲线。作出如图 5-77 所示曲面实体。

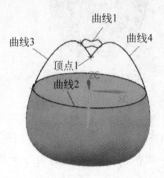

图 5-76　网格曲线

图 5-77　苹果曲面实体创建

4. "苹果蒂"曲线的绘制

在 XY 平面，利用样条曲线命令，通过点 $a(0,43)$ 绘制"苹果蒂曲线"，并在曲线两端分别绘制垂直于曲线的大小不同的两圆，最后利用扫描命令生成苹果蒂实体，结果如图 5-69 所示。

实例三：根据如图 5-78 所给"自行车坐垫"图形，自由构建曲线，利用所学曲面建模命令完成其三维造型。

图 5-78　自行车坐垫

绘制步骤如下：

1. 绘制坐垫外形曲线

（1）执行"插入"→"任务中草图"→选取 X、Y 作为绘图平面→绘制如图 5-79 所示曲线 1→"完成草图"。再次进入草图，选取 X、Z 作为绘图平面→"完成草图"，绘制如图 5-80 所示曲线 2、曲线 3。

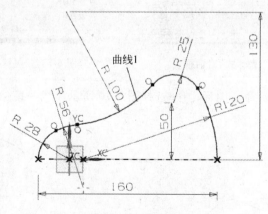

图 5-79　曲线构建 1

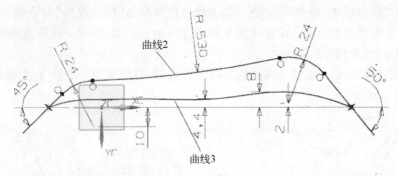

图 5-80　曲线构建 2

（2）单击"组合投影"命令图标 组合投影→在弹出的"组合投影"对话框中，分别选择曲线 1、曲线 2 作为投影曲线；设置曲线 1 投影方向为 $-Z$ 轴、曲线 1 投影方向为 Y 轴→确定，结果如图 5-81 曲线 4 所示。

（3）单击"镜像曲线"命令图标 →选择图 5-81 所示曲线 4→镜像平面为 XZ→确定，结果如图 5-82 曲线 5 所示。

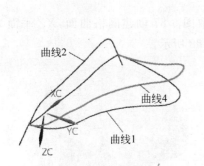

图 5-81　创建组合投影曲线

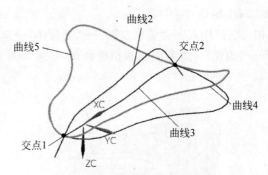

图 5-82　创建镜像投影曲线

2. 坐垫曲面实体创建

（1）执行"插入"→"网格曲面"→"通过曲线网格"，分别把如图 5-82 所示交点 1、交点 2 作为"主曲线"；曲线 4、曲线 3、曲线 5 作为交叉曲线。作出如图 5-83 所示曲面。

（2）单击"偏置"命令图标 →在弹出的"偏置曲线"对话框中选择图 5-81 曲线 1 往外偏置 10mm→确定，结果如图 5-84 曲线 6 所示；同样方法选择图 5-82 曲线 2 往下偏置 25mm→确定，结果如图 5-84 曲线 7 所示。

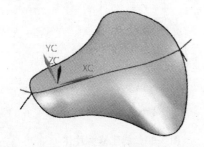

图 5-83　坐垫上表面创建

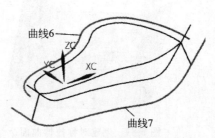

图 5-84　创建偏置曲线

（3）单击"组合投影"命令图标 🕱 组合投影→在弹出的"组合投影"对话框中，分别选择曲线 6、曲线 7 作为投影曲线；设置曲线 6 投影方向为 $-Z$ 轴、曲线 7 投影方向为 Y 轴→确定，结果如图 5-85 曲线 8 所示。

（4）分别通过曲线 6、曲线 8 端点作出两条直线，并利用拉伸命令往 Y 方向拉伸出两曲面，结果如图 5-86 所示。

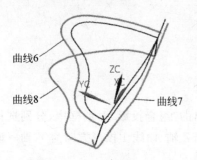

图 5-85　创建组合投影曲线

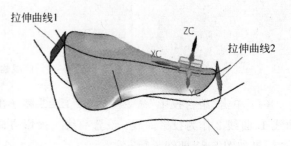

图 5-86　创建拉伸曲面

（5）利用"通过曲线网格"命令作出如图 5-87 所示曲面（注意分别约束与拉伸曲面 1、拉伸曲面 2 G1 相切）。

（6）执行"插入"→"关联复制"→"镜像体"→选取图 5-87 创建网格曲面，XZ 平面为镜像平面→"确定"→隐藏曲线和拉伸曲面，结果如图 5-88 所示。

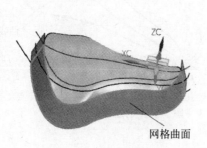

图 5-87　创建网格曲面

图 5-88　创建镜像曲面

（7）利用拉伸命令，选取曲线如图 5-84 所示曲线 7，分别设置拉伸方向 Y 轴、对称拉伸值为 155mm→确定，结果如图 5-89 所示。并利用"修剪片体"命令把拉伸曲面多余部分修剪，结果如图 5-90 所示。

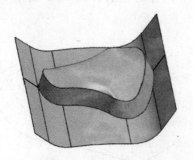

图 5-89　创建对称拉伸曲面

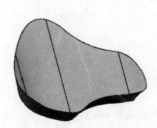

图 5-90　创建修剪片体

（8）利用"缝合"命令把如图 5-90 所示所有曲面进行缝合操作；并在坐垫上表面边缘倒 $R2$ 圆角，结果如图 5-91 所示。

（9）利用"抽壳"命令对自行车坐垫底部进行抽壳，设置厚度值为 1mm，结果如图 5-92 所示。

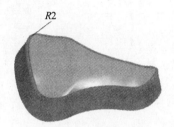

图 5-91　创建圆角

图 5-92　创建抽壳

实例四：根据如图 5-93 所给"人头模型"图形，自由构建曲线，利用所学曲面建模命令完成其三维造型。

绘制步骤如下。

1. 绘制外形曲线

（1）执行"插入"→"任务中草图"→选取 X、Y 作为绘图平面→绘制如图 5-94 所示曲线 1→"完成草图"。利用镜像命令选取曲线 1→Y 轴镜像，生成曲线 2→"完成草图"，结果如图 5-95 所示。

图 5-93　人头模型

（2）在如图 5-95 曲线 1、曲线 2 上，分别绘制点 1、点 2，两点分别落在 X 轴上。如图 5-95 所示。

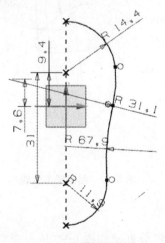

图 5-94　头部曲线构建 1

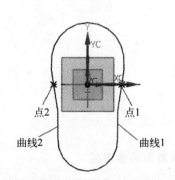

图 5-95　创建镜像曲线

（3）执行"插入"→"任务中草图"→选取 YZ 作为绘图平面→绘制如图 5-96 所示曲线 3→"完成草图"。再次进入"任务中草图"→选取 YZ 作为绘图平面→绘制如图 5-97 所示曲线 4→"完成草图"，结果如图 5-97 所示。

（4）在如图 5-97 曲线 3、曲线 4 上，分别绘制点 3、点 4，结果如图 5-98 所示。

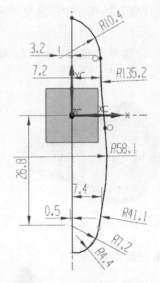

图 5-96 头部曲线构建 3

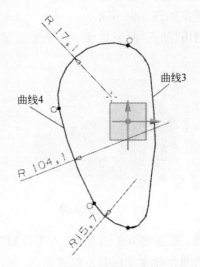

图 5-97 头部曲线构建 4

（5）在建模模式中单击"艺术样条曲线"命令，在弹出"艺术样条"对话框中，"类型"设置为"通过点"→"参数化阶次"设置为"3"→勾选"封闭"选项→分别选取图 5-95、图 5-97 所示点 1、点 3、点 2 和点 4→ 确定，结果如图 5-99 曲线 5 所示。

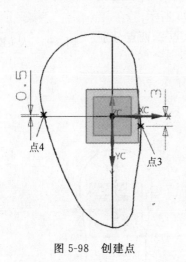

图 5-98 创建点

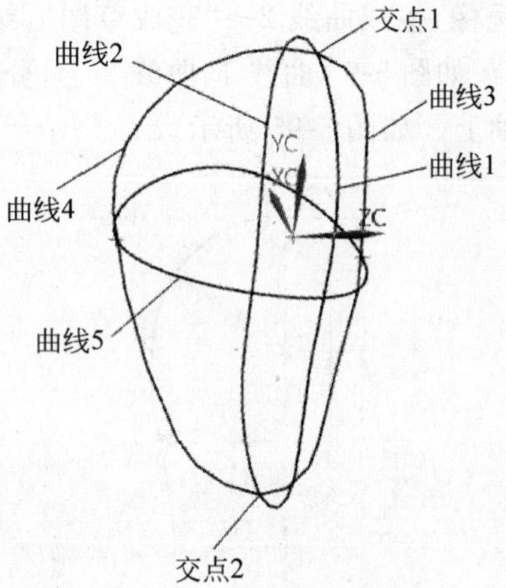

图 5-99 创建样条曲线

2. 头部曲面实体创建

（1）执行"插入"→"网格曲面"→"通过曲线网格"分别把如图 5-99 所示交点 1、曲线 5、交点 2 作为"主曲线"；曲线 1、曲线 3、曲线 2、曲线 4、曲线 1 作为交叉曲线。作出如图 5-100 所示曲面实体。

（2）执行"插入"→"关联复制"→"抽取体"→在弹出如"抽取体"对话框中设置图 5-101 所示，选取图 5-100 所示实体→确定。

（3）执行"插入"→"偏置/缩放"→"缩放体"→在弹出如"缩放体"对话框中设置图 5-102 所示，选取刚抽取实体→确定。

图 5-100　创建网格曲面实体

图 5-101　"抽取体"对话框

（4）执行"插入"→"任务中草图"→选取 X、Y 作为绘图平面→大致绘出如图 5-103 所示曲线→"完成草图"。利用拉伸命令选取图 5-103 所示曲线，拉伸值设置为 48，拉伸方向 Z 轴→与图 5-100 实体"求差"（注意该实体为未缩放的原实体）→"确定"，结果如图 5-104 所示。

图 5-102　"缩放体"对话框

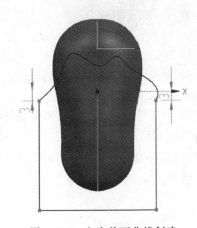

图 5-103　人头前面曲线创建

同理在 X、Y 作为绘图平面→大致绘出如图 5-105 所示曲线→"完成草图"。利用拉伸命令选取图 5-105 所示曲线，拉伸值设置为 48，拉伸方向 $-Z$ 轴→与图 5-100 实体"求差"（注意该实体为未缩放的原实体）→"确定"，结果如图 5-106 所示。

图 5-104　人头前面实体创建

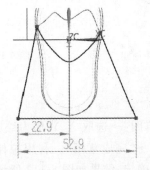

图 5-105　人头后面曲线创建

图 5-106　人头后面实体创建

（5）隐藏"缩放实体"，把创建人头部实体棱边依次倒圆角 R5、R1、R0.5，结果如图 5-107 所示。

（6）执行"插入"→"关联复制"→"抽取体"→在弹出"抽取体"对话框中设置如图 5-101 所示，选取图 5-107 所示实体→"确定"。

（7）执行"插入"→"偏置/缩放"→"缩放体"→在弹出"缩放体"对话框中设置均匀缩放比例为"1.1"→"确定"。

执行"插入"→"任务中草图"→选取 X、Y 作为绘图平面→大致绘出如图 5-108 所示曲线→"完成草图"。利用拉伸命令选取图 5-108 所示曲线，对称拉伸值设置为 48，拉伸方向 Z 轴→与刚才放大后实体"求差"→"确定"，结果如图 5-109 所示。

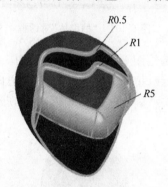

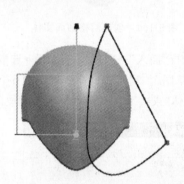

图 5-107　人头部倒圆角创建　　　　　　图 5-108　头部造型曲线创建

（8）在"部件导航器"里，选择刚拉伸的特征→右击→在弹出快捷菜单中选择"特征组"→在弹出特征组对话框中名称输入"W1"→"确定"。

执行"镜像特征"命令→选择刚创建特征"W1"→镜像平面选择 YZ→"确定"，结果如图 5-110 所示。

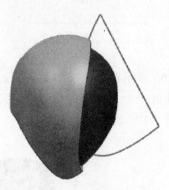

图 5-109　头部造型拉伸创建　　　　　　图 5-110　头部造型镜像特征

3. 眼部创建

（1）执行"插入"→"任务中草图"→选取 X、Y 作为绘图平面→利用"艺术样条曲线"命令大致绘出如图 5-111 所示曲线→"完成草图"。利用拉伸命令选取图 5-111 所示曲线，拉伸值设置为 10，拉伸方向 Z 轴→确定，结果如图 5-112 所示。

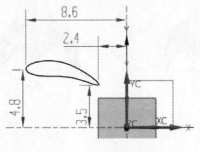

图 5-111　眉毛曲线创建

图 5-112　拉伸实体创建

（2）执行"插入"→"修剪"→"修剪体"→选取图 5-112 所示拉伸实体作为"目标体"→选取图 5-113 所示实体表面作为"刀具表面"→"确定"。

执行"插入"→"偏置/缩放"→"偏置面"→选取图 5-113 刚修剪表面外偏置 0.1mm，并对棱边进行倒圆 R0.2mm→确定，结果如图 5-113 所示。

利用"镜像体"命令→把刚创建眉毛实体进行镜像，镜像平面为 YZ 平面→确定，结果如图 5-114 所示。

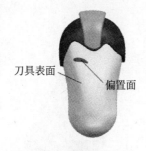

图 5-113　眉毛实体创建

图 5-114　眉毛实体镜像

（3）执行"插入"→"基准/点"→"基准平面"选取 X、Z 平面→往 Y 轴偏置 2mm，结果如图 5-115 所示；进入草图环境→在刚创建平面上绘出如图 5-116 所示圆弧→"完成草图"。

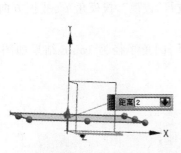

图 5-115　基准平面创建

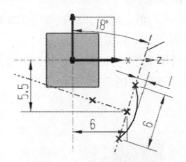

图 5-116　眼睛曲线创建

（4）利用旋转命令选取 5-116 所示圆弧，旋转轴如图 5-116 所示，旋转角度 360°→确定，结果如图 5-117 所示。

（5）通过图 5-117 所示眼睛外表面中心创建一眼珠（步骤略），结果如图 5-118 所示。

利用"镜像实体"命令，选择所创建眼睛实体关于 YZ 平面进行镜像，结果如图 5-119 所示。

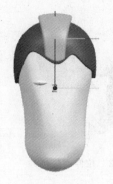

图 5-117　眼睛实体创建　　　　图 5-118　眼珠创建　　　　图 5-119　眼睛实体镜像

4. 鼻子创建

（1）执行"插入"→"任务中草图"→选取 Z、Y 作为绘图平面→利用"艺术样条曲线"及"直线"命令大致绘出如图 5-120 所示曲线→"完成草图"。利用拉伸命令进行对称拉伸,拉伸值为 2.5mm,结果如图 5-121 所示。

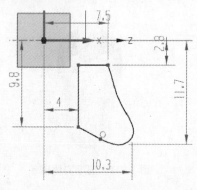

图 5-120　鼻子曲线创建　　　　　　　图 5-121　鼻子实体拉伸

（2）执行"插入"→"细节特征"→"拔模",选取图 5-122 所示平面进行"拔模",拔模角 7°,拔模方向 Y 轴;同理→选取图 5-123 所示平面进行"拔模",拔模角 7°,拔模方向 Z 轴,结果分别如图 5-122 和图 5-123 所示。

（3）利用倒圆角命令对图 5-123 棱边进行倒圆,圆角半径为 1mm,结果如图 5-124 所示。其整体效果如图 5-125 所示。

图 5-122　创建拔模 1　　　　图 5-123　创建拔模 2　　　　图 5-124　创建倒圆

5．嘴巴创建

（1）执行"插入"→"任务中草图"→选取 X、Y 作为绘图平面→利用"艺术样条曲线"命令大致绘出如图 5-126 所示曲线→"完成草图"。利用拉伸命令进行拉伸，拉伸值为 5mm，结果如图 5-127 所示。

图 5-125　鼻子实体创建

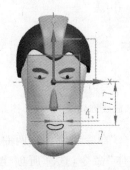

图 5-126　嘴巴曲线创建

（2）执行"插入"→"修剪"→"修剪体"→选取图 5-127 所示拉伸实体作为"目标体"→选取图 5-128 所示实体表面作为"刀具表面"→确定。

执行"插入"→"偏置/缩放"→"偏置面"→选取刚修剪表面外偏置 0.3mm，并对棱边进行倒圆 R0.5mm→ 确定，结果如图 5-128 所示。

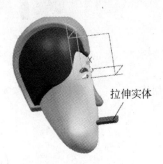

图 5-127　嘴巴实体拉伸

图 5-128　嘴巴实体创建

6．耳朵创建

（1）执行"插入"→"任务中草图"→选取 X、Y 作为绘图平面→在图 5-59 所示曲线 1 上，利用"艺术样条曲线"命令大致绘出如图 5-129 所示曲线 6、曲线 7→"完成草图"。

（2）通过曲线 6 两端点作一直线，通过此直线，作一基准平面，法向平行 X 轴，结果如图 5-130 所示。

进入草图环境→利用"艺术样条曲线"命令在刚创建基准平面上大致绘出如图 5-131 所示曲线 8、曲线 9→"完成草图"。

（3）执行"插入"→"网格曲面"→"通过曲线组"→依次选择如图 5-132 所示曲线 6、曲线 8、曲线 7 作为"截面线"→去掉"保留形状"选项→确定；同理再次利用"通过曲线组"命令依次选择如图 5-132 所示曲线 6、曲线 9、曲线 7 作为"截面线"→去掉"保留形状"选项→确定，结果如图 5-133 所示。

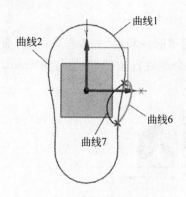

图 5-129 耳朵曲线创建 1

图 5-130 耳朵基准面创建

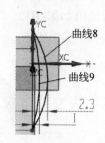

图 5-131 耳朵曲线创建 2

（4）利用"缝合"命令将刚创建两曲面进行"缝合"，并对棱边倒 $R0.1mm$ 圆角。

利用"镜像实体"命令，选择所创建耳朵实体关于 YZ 平面进行镜像，结果如图 5-134 所示。

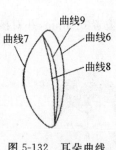

图 5-132 耳朵曲线

图 5-133 耳朵实体创建

图 5-134 耳朵实体镜像

小结

本项目主要介绍了常用的几种曲面建模及曲面编辑的方法。读者可以参照本书提供的实例和相关知识点讲解，通过上机练习，逐步掌握各种曲面的创建及编辑方法。

思考练习题

1. 创建直纹面与创建过曲线组曲面有何异同点？
2. 创建过曲线组曲面时对曲线的开闭和矢量方向的一致性有何要求？
3. 简述扩大曲面的操作方法。
4. 利用"直纹面"功能创建曲面时，对曲线的数量和选取方式有何要求？
5. 利用所学知识，创建如图 5-135 所示三大球类模型。
6. 利用旋转、扫描、通过曲线网格等命令，分别创建如图 5-136～图 5-142 所示的图形。

(a) 排球　　　　　　(b) 蓝球　　　　　　(c) 足球

图 5-135　球类模型

  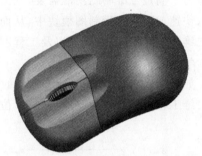

图 5-136　水壶　　　　　　图 5-137　头盔　　　　　　图 5-138　鼠标

图 5-139　花树模型　　　　　　图 5-140　汽车模型

图 5-141　蜜蜂　　　　　　图 5-142　牙刷

项目 6　UG NX 8.0 工程制图

在产品实际加工制作过程中,一般都需要二维工程图来辅助设计,UG 工程制图模块主要是为了满足二维制图功能需要,是 UG 系统的重要应用之一。通过特征建模创建的实体可以快速地引入工程制图模块中,从而快速生成二维图。本项目将介绍常见工程制图三维和二维之间转换、视图管理以及工程图标注等。

学习任务

如图 6-1 所示,为某模具厂生产的"泵体"铸件,根据项目四任务所完成的三维造型,生成二维工程图,并标注相应尺寸和形位公差等。

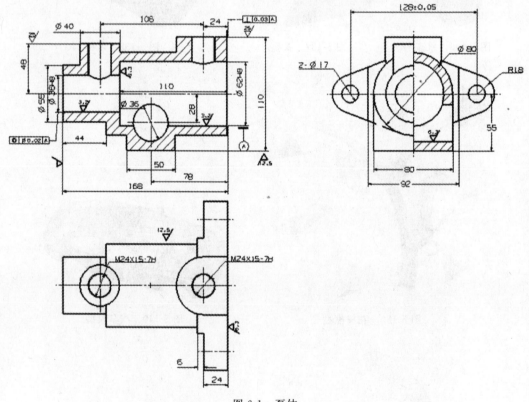

图 6-1　泵体

6.1　工程制图基础

UG NX 8.0 制图模块可以把由"建模"应用模块创建的特征模型生成二维工程图。创建的工程图中的视图与模型完全关联,即对模型所做的任何更改都会再引起二维工程图的相应更新。此关联性使用户可以根据需要对模型进行多次更改,从而极大地提高设计效率。对于初学者来讲,首先需要了解工程图的一般过程及工程图工作界面。

6.1.1　创建工程图的一般过程

通常,创建工程图前,用户需要完成三维模型的设计。在三维模型的基础上就可以应用工程图模块创建二维工程图了,其一般的操作步骤如下所述。

(1) 创建图纸。执行"起始"→"制图"→进入制图模块→"新建图纸页"命令,将显示"图纸页"对话框。利用该对话框为图纸页指定各种图纸参数,包括图纸大小、缩放比例、测量单位和投影角度。

(2) 参数预设置。执行"首选项"→"制图"命令,进入"制图首选项"对话框,对制图相关参数进行预设置。

(3) 导入模型视图。

(4) 在工程视图中添加视图。

(5) 添加尺寸标注、公差标注、文字标注等。

(6) 存盘,打印输出。

6.1.2　工程图的工作界面

由特征模型创建工程图,单击标准工具栏中"起始"按钮下拉列表中的"制图"选项,或者在应用模块工具条上单击"制图",进入工程图工作界面,如图 6-2 所示。常用的工具栏主要有"图纸"、"制图编辑"、"尺寸"、"注释"、"表格"、"公差标注类型"、"制图工具箱"等,如图 6-3～图 6-9 所示。

图 6-2　制图工作界面

1. "图纸"工具栏

主要用于新建工程制图,添加基本视图、剖视图等创建工作,各相关命令图标如图 6-3 所示。

图 6-3 "图纸"工具栏

2. "制图编辑"工具栏

主要用于工程制图文本编辑、尺寸编辑、剖切线编辑以及表格编辑等创建工作,各相关命令图标如图 6-4 所示。

3. "尺寸"工具栏

主要用于工程制图相关尺寸标注的创建工作,各相关命令图标如图 6-5 所示。

图 6-4 "制图编辑"工具栏

图 6-5 "尺寸"工具栏

4. 公差标注类型工具栏

主要用于工程制图相关尺寸公差标注的创建工作,各相关命令图标如图 6-6 所示。

图 6-6 公差标注类型工具栏

5. 注释工具栏

主要用于工程制图相关形位公差标注的创建工作,各相关命令图标如图 6-7 所示。

6. 制图工具箱工具栏

主要用于工程制图相关标准件如齿轮、弹簧等的创建工作和制图的编辑工作,各相关命令图标如图 6-8 所示。

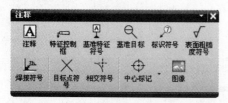

图 6-7 "注释"工具栏

图 6-8 制图工具箱工具栏

7. "表"工具栏

主要用于工程制图相关表格、明细栏等的创建工作和相应表格的编辑工作,各相关命令图标如图 6-9 所示。

图 6-9　"表"工具栏

6.1.3　工程图的参数

工程图参数用于在工程图创建过程中根据用户需要进行的相关参数预设值。例如箭头的大小、线条的粗细、隐藏线的显示与否、视图边界面的显示和颜色设置等。

参数预设置,可以通过执行"文件"→"实用工具"→"用户默认设置"命令进行设置,也可以到工程图设计界面中选择"首选项"下拉列表选项或在"制图首选项"工具栏中分别设置。下面对各设置参数分别进行介绍。

1. 预设置制图参数

UG 工程制图在添加视图前,应先进行制图的参数预设置。预设置制图参数的方法是在主菜单条上执行"首选项"→"制图"命令,弹出"制图首选项"对话框,如图 6-10 所示。

该对话框共包括 6 个选项卡,各选项卡说明如下。

通用:用于对图纸的版次、图纸工作流和图纸设置,如图 6-10 所示。

预览:用于设置视图样式和光标追踪,也可以设置注释样式和动态对准选项,如图 6-11 所示。

图 6-10　"通用"选项卡

图 6-11　"预览"选项卡

片体:进行制图名称设置。

视图:在视图选项中,可分别对是否延迟视图更新、边界显示、抽取的边缘面显示、加载组件、视觉及定义渲染集进行设置,如图 6-12 所示。

注释：定义注释线条的线型、精度等。

倒斜角：定义线条宽度、截断线型设置等，如图 6-13 所示。

 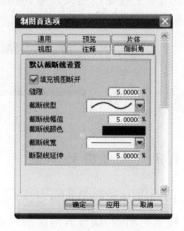

图 6-12 "视图"选项卡　　　　　　　　　图 6-13 "倒斜角"选项卡

2. 预设置视图参数

视图参数用于设置视图中隐藏线、轮廓线、剖视图背景线和光滑边等对象的显示方式，如果要修改视图显示方式或为一张新工程图设置其显示方式，可通过设置视图显示参数来实现，如果不进行设置，则系统会默认选项进行设置。

预设置视图参数的方法是在主菜单条上选择"首选项"→"视图"命令（选择单击"制图首选项"工具栏"视图首选项"图标），进入"视图首选项"对话框，如图 6-14 所示。

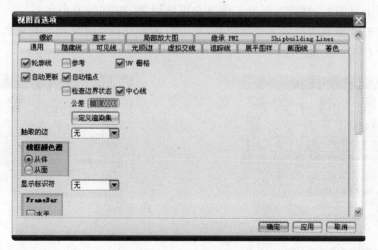

图 6-14 "视图首选项"对话框

3. 预设置注释参数

预设置注释参数包括尺寸、尺寸线、箭头、字符、符号、单位、半径、剖面线等参数的预设置。可以使用"注释首选项"对话框中的选项为新创建的对象设置首选项。

执行"首选项"→"注释"命令（或选择单击"制图首选项"工具栏"注释首选项"图标），进入"注释首选项"对话框，如图 6-15 所示。

图 6-15　"注释首选项"对话框

对话框上部是"尺寸"、"直线/箭头"、"文字"、"符号"、"单位"、"径向"和"填充/剖面线"等注释参数设置选项按钮,对话框下部为各选项对应的参数设置内容可变显示区。

4. 预设置截面线参数

预设置截面线参数是指设置截面线的箭头、颜色、线型和文字等参数。

执行"首选项"→"截面线"命令(或选择单击"制图首选项"工具栏"截面线首选项"图标),进入"截面线首选项"对话框,如图 6-16 所示。

5. 预设置视图标签参数

预设置视图标签参数主要用于设置投影图、局部放大图和剖视图的指示文字和视图比例等参数。利用"视图标签首选项"可以控制视图标签的显示并查看图纸上成员视图的视图比例标签。当选择视图标签时,"视图标签样式"对话框将更新为显示该视图标签的当前设置。

执行"首选项"→"视图标签"命令(或选择单击"制图首选项"工具栏"视图标签首选项"图标),进入"视图标签首选项"对话框,如图 6-17 所示。

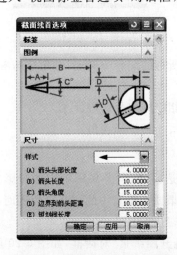

图 6-16　"截面线首选项"对话框

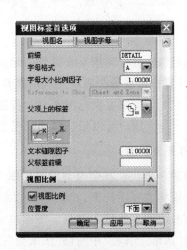

图 6-17　"视图标签首选项"对话框

6.1.4　工程图的管理

一般情况下,对三维特征模型创建二维工程图时,默认的工程图纸空间参数与用户的实际需求不相符。此时需要用户对图纸进行管理,包括部件导航器管理,新建、打开、删除和编辑工程图。

1. 部件导航器管理

部件导航器主要是将工程图中的各视图名称及视图相关信息进行显示,包括部件的图纸页、成员视图、剖面线和表格的可视化等。便于用户操控图纸、图纸上的视图,也可以右击选项来打开对话框以更改图纸,如图 6-18 所示。

2. 创建工程图

进入"制图"应用模块后,系统会按默认设置自动新建一张工程图,并将图名默认为Sheet1。通常系统生成工程图中的设置不一定适合于用户的需求。一般情况下,在添加视图前,用户最好新建一张工程图。按输出三维实体的要求来设置工程图的名称、图幅大小、绘图单位、视图默认比例和投影角度等工程图参数。下面对新建工程图的过程和方法进行说明。

单击"图纸工具栏"中"新建图纸页"按钮,弹出"图纸页"对话框,如图 6-19 所示。

图 6-18　制图部件导航器

图 6-19　"图纸页"对话框

使用模板:直接利用系统提供的默认模板,根据所选的图号→确定,即可生成相应图号的边框,并且投影视角为系统默认的视角。

标准尺寸:系统提供标准图号和投影视图,选取相应的图号即可。

定制尺寸:用户可以根据自己的需要,更改图纸尺寸和投影视角。

3. 打开工程图

在创建一个比较复杂模型的工程图时,往往为表达清楚,需要采用不同的投影方法、不同的图纸规格和视图比例,建立多张二维工程图。如果要编辑其中的一张工程图时,就需要首先将其在绘图工作区中打开。下面就来介绍其操作过程。

单击"图纸工具栏"中"打开图纸页"按钮,弹出"打开图纸页"对话框,如图 6-20 所示。

4. 删除工程图

删除工程图操作简单,当需要删除多余的工程图纸时,只需在"图纸导航器"中用鼠标右击所需的图纸名称,选择"删除"选项,即可删除所选图纸。

5. 编辑工程图

在工程图的绘制过程中,如果想更换一种表现三维模型的方式(比如增加剖视图等),那么原来设置的工程图参数不能满足要求,此时就需要对已有的工程图有关参数进行编辑修改。

图 6-20　"打开图纸页"对话框

在"部件导航器"中选中需要编辑的工程图,单击鼠标右键,选择"编辑图纸页"选项,打开"图纸页"对话框。可参照上面第 2 点介绍的"创建工程图"的方法,在对话框中编辑修改所选工程图的名称、尺寸和比例等参数。完成编辑修改后,单击"确定"按钮,系统按新的工程图参数自动更新所选的工程图。

6.1.5　图幅的管理

绘制一张完整的工程图时,需要添加图框,UG NX 8.0 提供了利用模板文件来调用图框以减少绘图中重复性的工作,提高工作效率。本节主要介绍如何创建及调用图纸图框的方法。

1. 创建图纸图框

制作图样模板的操作步骤如下。

(1) 单击"标准工具栏"中"新建"按钮,打开"新建"对话框。

(2) 选中"模型"选项,并为新建的模型命名,如 A0、A1、A2、A3 等。单击"确定"按钮,进入"建模"工作界面。

(3) 在建模环境下绘制需要的图纸模板(注:系统不认草图曲线),指定存盘路径并存盘。

(4) 执行"起始"→"制图",进入制图工作界面。

(5) 执行"文件"→"导入"→"部件"命令,导入所创建的部件文件,然后再存盘,至此,模板文件创建完毕。

6.2　视图管理

当工程图基本参数设定、图幅和图纸确定后,下面就应该在图纸上创建各种视图来表达三维模型。用户可以根据零件形状,创建基本视图、投影视图、剖视图、半剖视图、旋转剖视图、折叠剖视图、局部剖视图和断开视图。通常一个工程图中包含多种视图,通过这些视图的组合来进行模型的描述。UG 的"制图"模块中提供了各种视图管理功能,如添加视图、移除视图、移动或复制视图、对齐视图和编辑视图等操作。利用这些功能,用户可以方便地管理工程图中所包含的各类视图，并可修改各视图的缩放比例、角度和状态等参数。

6.2.1 视图操作

创建完工程图后，就可以从基本视图着手，生成视图的相关投影视图和各种剖切视图，从而使图纸完整表达产品零部件的相关信息。本节主要介绍基本视图、投影视图、各种剖切视图、局部放大图以及断开视图及其他视图的操作方法。

1. 基本视图

基本视图是指特征模型的各种向视图和轴测图，包括俯视图、前视图、右视图、后视图、仰视图、左视图、正等测视图和正二测视图等 8 种类型。通常情况下，在一个工程视图中至少包含一个基本视图。基本视图可以是独立的视图，也可以是其他视图类型（如剖视图）的父视图。

在制图模式下，执行"插入"→"视图"→"基本视图"命令（或单击"图纸布局"工具栏"基本视图"按钮），进入"基本视图"对话框，如图 6-21 所示。

2. 投影视图

投影视图是从父项视图产生"向视图"投影，可以定义任意方向进行投影。该命令只有在有基本视图后才有效。当创建完基本视图后，继续移动鼠标将添加投影视图。如果已退出添加视图操作，可再单击"图纸"工具栏中的"投影视图"按钮，进入"投影视图"对话框，如图 6-22 所示。如图 6-23 所示为基本视图和投影视图的区别。

图 6-21 "基本视图"对话框

图 6-22 "投影视图"对话框

3. 局部放大图

局部放大图是指将模型的局部结构按一定比例进行放大，以满足放大清晰和后续标注注释需要。其主要用于表达模型上的细小结构，或在视图上由于过小难以标注尺寸的模型，例如退刀槽、键槽、密封圈槽等细小部位。

从任意主视图产生局部放大图，在视图模式下执行"插入"→"视图"→"局部放大图"命令（或单击"图纸"工具栏剖视图按钮），进入"局部放大图"对话框，如图 6-24 所示。

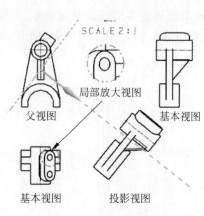

图 6-23　视图投影创建　　　　　图 6-24　"局部放大图"对话框

4. 剖视图和半剖视图

剖视图是通过由一单个切割平面去分割部件,观看一个部件的内侧或一半。通常用于特征模型内部结构比较复杂,则在工程图创建过程中会出现较多的虚线,致使图纸的表达不清晰,往往会给看图和标注尺寸带来困难。此时,需要绘制剖视图,以便更清晰、更准确地表达特征模型内部的详细结构。

半剖视图是指当特征模型具有对称平面时,向垂直于对称平面的投影面上投影所得的视图。可以利用"半剖视图"功能,以对称中心为边界,将视图的一半绘制成剖视图。

单击"图纸"工具栏剖视图按钮→选择要剖切"父视图"→在弹出如图 6-25 所示"剖视图"对话框中定义剖切位置如图 6-26(a)主视图所示→放置剖视图到指定位置→确定,结果如图 6-26(a)左视图所示。

图 6-25　"剖视图"对话框

半剖视图创建与剖视图方法类似,需要注意的是,半剖视图在定义剖切位置的时候需要指定剖切位置的"起始点"和"转折点",如图 6-26(b)主视图所示,结果如图 6-26(b)左视图所示。

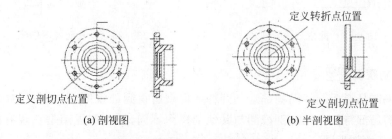

　　　(a) 剖视图　　　　　　　　　　　(b) 半剖视图

图 6-26　剖视图和半剖视图创建

5. 旋转剖视图

旋转剖视图是指用两个成用户定义角度的剖切面剖开特征模型,以表达特征模型内部形状的视图。

　　在视图模式执行"插入"→"视图"→"旋转剖视图"命令（或单击"图纸"工具栏"旋转剖视图"按钮），进入"旋转剖视图"对话框。旋转剖视图的创建方式与剖视图类似，只是在指定剖切平面的位置时，需要先指定旋转点，然后指定第一剖切面和第二剖切面，如图 6-27 所示。

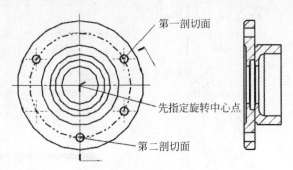

图 6-27　旋转剖视图创建

6. 折叠剖视图

　　折叠剖视图是指使用不同角度的多个剖切平面对视图进行剖切操作所得到的视图，即通过父视图上一系列点定义剖切线建立折叠的剖视图。该剖切方法多用于多孔的板类零件，或内部结构较复杂的不对称类零件。其基本操作过程与一般剖视图类似，只是多选几次剖切位置即可，如图 6-28 所示。

7. 展开剖视图

　　展开剖视图是指使用不同角度的多个剖切平面对视图进行剖切操作所得到的视图，即通过父视图上一系列点定义剖切线建立展开的剖视图。该剖切方法多用于多孔的板类零件，或内部结构较复杂的不对称类零件。其基本操作过程与折叠剖视图类似，如图 6-29 所示。

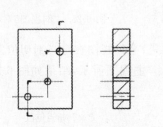
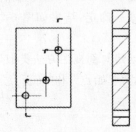

　　图 6-28　折叠剖视图创建　　　　　　　　　图 6-29　展开剖视图创建

8. 局部剖视图

　　局部剖视图是指用剖切面局部地剖开特征模型所得到的视图，通常使用局部剖视图表达零件内部的局部特征。局部剖视图与其他剖视图不同，局部剖视图是从现有的视图中产生，而不生成新的剖视图。

　　执行"插入"→"视图"→"局部剖视图"命令（或单击"图纸"工具栏"局部剖视图"按钮），进入"局部剖"对话框，如图 6-30 所示。创建步骤如下。

　　选择要进行局部剖的视图（本例选图 6-31(b)）→右击→在弹出的快捷菜单中选择"扩展"→进入"扩展"模式里面，利用样条曲线、直线绘制如图 6-31(c)所示曲线→右击→在弹

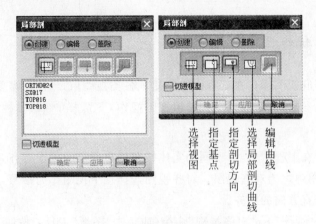

图 6-30   局部剖视图对话框

出的快捷菜单中去掉"扩展"选项 →退出"扩展"模式。

　　单击"图纸"工具栏"局部剖视图"按钮,进入"局部剖"对话框→选择要进行局部剖的视图(本例选图 6-31(b))→"指定基点"(选择图 6-31(a)所示圆心作为基点)→"指定剖切方向"(向下)→选择图 6-31(c)刚绘制曲线→确定,结果如图 6-31(d)所示。

9. 断开视图

　　断开视图可以建立、编辑和更新由若干条边界线所定义的压缩视图。

　　在视图模式下主菜单中执行"插入"→"视图"→"断开视图"命令(或单击"图纸"工具栏"断开视图"按钮,进入"断开视图"对话框,如图 6-32 所示)。分别指定需要断开的两截断线位置→设置断开间隙 break Gap 为 3mm→确定,结果如图 6-33 所示。

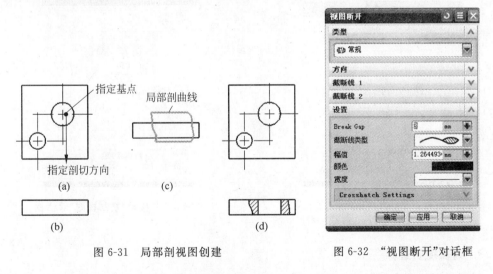

图 6-31   局部剖视图创建   图 6-32   "视图断开"对话框

图 6-33   断开视图创建

6.2.2　编辑视图

利用上面介绍的视图操作在工程图中创建了各类视图后,当用户需要调整视图的位置、边界或显示等有关参数时,就需要用到编辑视图操作,下面来介绍编辑视图操作。

1. 对齐视图

对齐视图是指在工程图中,将不同的实体按照用户所需的要求对齐,其中一个为静止视图,与之对齐的视图称之为对齐视图。对齐视图选择一个视图作为参照,使其他视图以参照视图进行水平或竖直方向的对齐。

执行"编辑"→"视图"→"对齐视图"命令(或单击"图纸"工具栏按钮),进入"对齐视图"对话框,如图 6-34 所示。对齐视图也可以直接选择视图对象按住鼠标左键不放拖动视图对象来实现。

2. 移动和复制视图

移动和复制视图是指选择一个视图作为参照,使其他视图以参照视图进行水平或竖直方向的移动或移动复制。二者都可以改变视图窗口中的位置,不同之处在于前者是将原视图直接移动到指定位置。可以在当前或同文件下的另一张工程图上复制现有视图。而后者是在原视图的基础上新建一个副本,并将副本移动至指定位置。

执行"编辑"→"视图"→"移动/复制视图"命令(或单击"图纸"工具栏按钮),弹出"移动/复制视图"对话框,如图 6-35 所示。

图 6-34　"对齐视图"对话框

图 6-35　"移动/复制视图"对话框

3. 编辑视图边界

编辑视图边界主要是指为视图定义一个新的视图边界类型,改变视图在图纸页中的显示状态。在创建工程图的过程中,经常会碰到先前定义的视图边界不满足要求,此时就需要用户来编辑视图边界。

执行"编辑"→"视图"→"视图边界"命令(或单击"图纸"工具栏"编辑视图边界"按钮),进入"视图边界"对话框,如图 6-36 所示。创建过程如图 6-37 所示。

图 6-36 "视图边界"对话框

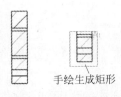

手绘生成矩形

图 6-37 视图边界创建

4. 视图相关编辑

视图相关编辑是指对视图中几何对象的显示进行编辑和修改,但不影响其在其他视图中的显示。利用"视图相关编辑"可以在工程图上直接编辑存在的对象(如曲线),也可以擦除或编辑完全对象或选定的对象部分。

执行"编辑"→"视图"→"视图相关编辑"命令(或单击"制图编辑"工具栏"视图相关编辑"按钮),进入"视图相关编辑"对话框,如图 6-38 所示。其创建过程如图 6-39 所示。

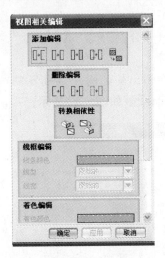

图 6-38 "视图相关编辑"对话框

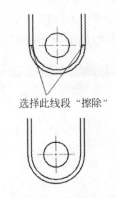

选择此线段 "擦除"

图 6-39 视图相关编辑创建

6.3 工程图标注和符号

当工程图各种视图清楚表达模型的信息后,需要对视图进行添加各种使用符号、进行尺寸标注、各种注释等制图对象的操作。当对工程图进行标注后,才可完整地表达出零部件的尺寸、形位公差和表面粗糙度等重要信息。此时的工程图才可以作为生产加工的依据。工程图的标注是反映零件尺寸和公差信息的最重要的方式,在本节中将介绍如何在工程图中使用标注功能。利用标注功能,用户可以向工程图中添加尺寸、形位公差、制图符号和文本注释等内容。其操作过程比较简单,限于篇幅,在此不再详解。

任务分析及实施

1. 任务分析

(1) 视图类型:由任务图可知,此工程图中主视图为全剖视图,俯视图为普通视图,左视图为半剖视图。

(2) 标注及符号:此工程图有尺寸标注、形位公差标注、表面粗糙度等标注。

(3) 创建步骤:由视图类型可知,此工程图应该先添加俯视图作为基本视图,投影视角选第一视角,然后再创建主视图、左视图,最后再进行相关标注。

2. 任务实施

1) 创建三视图

(1) 打开文件 project06/tu6-1. prt→"确定"→打开泵体模型→在 UG NX 8.0 建模中单击"起始"→"制图"→进入工程图模块。

(2) 单击"图纸"工具栏的"新建图纸"命令→在弹出的"图纸页"对话框中分别设置"大小"——A2、单位——mm、投影——"第一角投影"→"确定"。

(3) 执行"首选项"→"可视化"→Color/Front→分别勾选"单色显示"、背景改为"白色"、"显示线宽",设置结果如图 6-40 所示→"确定"。

(4) 单击"图纸"工具栏的"基本视图"命令→在弹出的如图 6-41 所示的"基本视图"对话框中设置模型视图为"俯视图"→放置于相应位置,结果如图 6-42 所示。

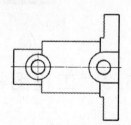

图 6-40 "可视化首选项"对话框设置　　图 6-41 "基本视图"对话框
设置　　图 6-42 俯视图、主视图
创建

(5) 执行"首选项"→"注释"→"填充/剖面线"→分别设置结果如图 6-43 所示→"确定"

(6) 执行"首选项"→"截面线"→分别设置结果如图 6-44 所示→"确定"。

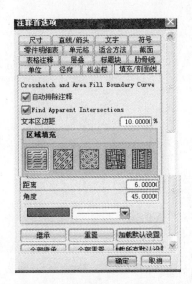

图 6-43 "填充/剖面线"对话框设置

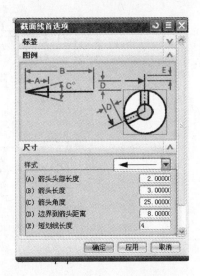

图 6-44 "截面线"对话框设置

(7) 单击"图纸"工具栏"剖视图"按钮→选择要剖切"父视图"(父视图为图 6-45(b))→在弹出"剖视图"对话框中定义剖切位置如图 6-45(b)俯视图所示圆心→放置剖视图到指定位置→"确定",结果如图 6-45(a)左视图所示。

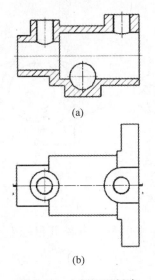

(a)

(b)

图 6-45 全剖视图创建

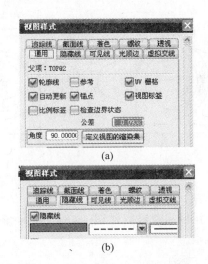

(a)

(b)

图 6-46 "视图样式"对话框设置

(8) 单击"图纸"工具栏"半剖视图"按钮→选择要剖切"父视图"(父视图为图 6-47(b))→在弹出"剖视图"对话框中分别定义剖切位置 1、剖切位置 2,如图 6-47(b)俯视图所示→放置剖视图到指定位置→"确定",结果如图 6-47(c)视图所示。

(9) 选择图 6-47(c)双击→在弹出"视图样式"对话框中分别设置如图 6-46(a)、图 6-46(b)所示,确定其图 6-47(c)结果如图 6-48(a)所示。

(10) 执行"编辑"→"视图"→"视图相关编辑"命令(或单击"制图编辑"工具栏"视图相

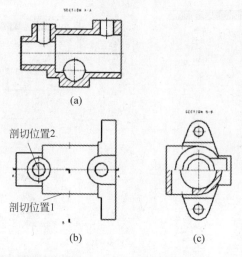

(a)

剖切位置2

剖切位置1

(b)　　　　(c)

图 6-47　半剖视图创建

关编辑"按钮,进入"视图相关编辑"对话框,单击"擦除" 图标,把多余线条擦除,其结果如图 6-48(b)所示。

(11) 单击"制图"工具栏"2D 中心线"命令图标 →在弹出的对话框的"类型"下拉菜单中选择"根据点"→分别选择图 6-48(b)所示两点 1、点 2,点 3、点 4→确定,结果如图 6-48(c)所示。

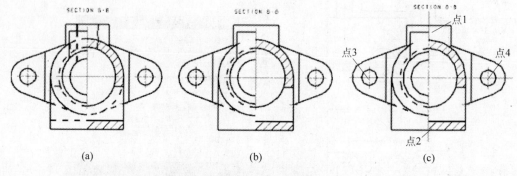

点1

点3　　　　点4

点2

(a)　　　　(b)　　　　(c)

图 6-48　视图编辑创建

(12) 用鼠标左键按住图 6-48(c)拖动至相应的左视图位置→松开鼠标左键,结果如图 6-49 所示。

2) 尺寸标注

(1) 主视图尺寸标注

① 执行"首选项"→"注释"→在弹出的首选项对话框中分别设置"文字"和"直线/箭头"的大小,如图 6-50 所示(注:本系统均为标注值,考虑到文字整体效果故设置大些)。

② 单击"尺寸"工具栏水平尺寸命令图标 →在弹出的如图 6-51 所示的对话框中用默认值,直接选择要标注 168mm 尺寸两端点→鼠标左键拖动到适当位置→单击鼠标左键→结果如图 6-52(a)所示,其余水平尺寸和竖直尺寸创建方法一致,限于篇幅,在此不再详解。

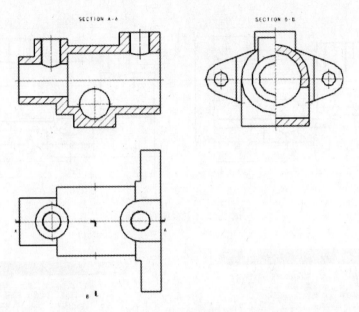

图 6-49　三视图创建

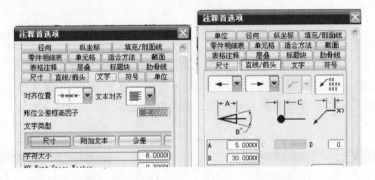

图 6-50　注释首选项"文字"、"直线/箭头"设置对话框

图 6-51　"水平尺寸"对话框

③ 单击"圆柱尺寸"命令标注图标 [图]→分别标注主视图各圆柱尺寸 $\phi55$、$\phi38$、$\phi62$；同理单击圆孔"直径尺寸"命令标注图标 [图]→标注主视图孔径 $\phi36$。结果如图 6-52(b)所示。

（2）俯视图尺寸标注

① 执行"首选项"→"注释"→在弹出的首选项对话框中分别设置"尺寸"、"径向"、"附加文本"，如图 6-53～图 6-55 所示（注：本系统均为标注值，考虑到文字整体效果故设置大些）。

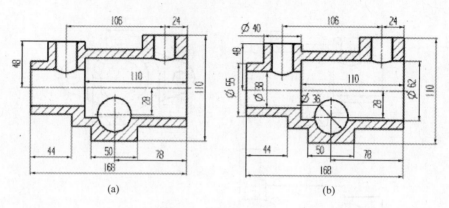

(a) (b)

图 6-52 主视图尺寸标注

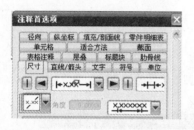

图 6-53 尺寸设置对话框

图 6-54 径向设置对话框

② 单击圆孔"直径尺寸"命令标注图标 →标注俯视图螺纹孔径 M24→鼠标左键拖动到适当位置→单击鼠标左键;选择 M24→右击→在弹出的快捷菜单中选择"附加文本"→在弹出的"附加文本编辑器"中选择"之后",并输入 X1.5-7H→确定,结果如图 6-57 所示。

图 6-55 附加文本对话框

图 6-56 文本编辑器

（3）左视图尺寸标注

单击"尺寸"工具栏水平尺寸命令图标 →在弹出如图 6-58 所示对话框中,各项设置值如图 6-58 所示,直接选择要标注 128mm 尺寸两圆心→鼠标左键拖动到适当位置→单击鼠标左键→结果如图 6-59 所示,其余尺寸创建方法与上述一致,限于篇幅,在此不再详解。

3）形位公差标注

（1）单击"注释"工具栏的"基准特征符合"命令图标 →在弹出的"基准特征符合"对

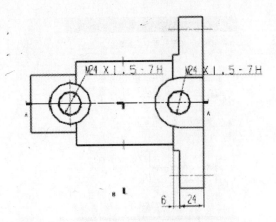

图 6-57　俯视图尺寸标注

图 6-58　尺寸对话框设置

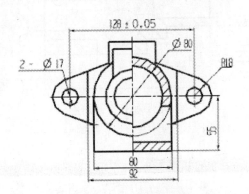

图 6-59　左视图尺寸标注

话框中进入"样式"图标设置栏→设置直线/箭头 H 值为 3mm(如图 6-60 所示)→"确定"→鼠标左键选择尺寸φ62→按住往下拖动并放置于适合位置→松开鼠标左键结果如图 6-61 所示基准 A。

　　(2) 单击"注释"工具栏的"特征控制框"命令图标→ ⟦▭⟧ →在弹出的"特征控制框"对话框中设置如图 6-62 所示→鼠标左键选择尺寸φ38→按住往下拖动并放置于适合位置→松开鼠标左键,结果如图 6-61 所示同轴度公差;同样方法即可创建垂直度公差。

　　4) 表面粗糙度标注

　　(1) 单击"注释"工具栏的"表面粗糙度符号"命令图标→ √ →在弹出的"表面粗糙度符号"对话框中设置如图 6-63(a)所示,鼠标放置于适合位置→单击鼠标左键,结果如图 6-64 所示,表面粗糙度公差 2.5;同样方法即可创建类似表面粗糙度公差。

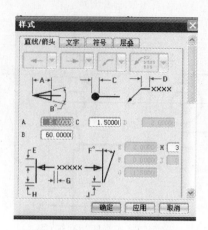

图 6-60　"样式"对话框设置

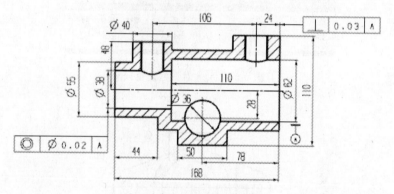

图 6-61　形位公差创建

图 6-62　"特征控制框"对话框设置

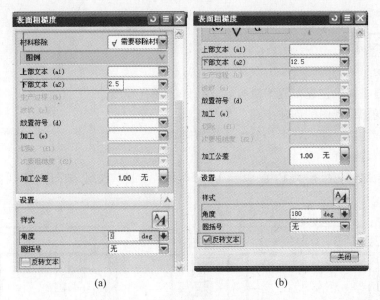

图 6-63　表面粗糙度对话框设置

（2）单击"注释"工具栏的"表面粗糙度符号"命令图标→ √ →在弹出的"表面粗糙度符号"对话框中设置如图 6-63（b）所示，鼠标放置于合适位置→单击鼠标左键，结果如图 6-64 所示，表面粗糙度公差 12.5；同样方法即可创建类似表面粗糙度公差。

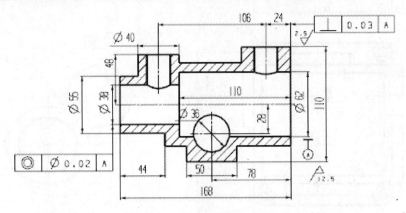

图 6-64　表面粗糙度创建

小结

本项目主要介绍了工程图的基础知识，在实际工程图绘制过程中，为将模型表示清楚，往往需要创建多个视图，包括工程图参数设置、工程图和图幅管理、工程图设计过程中的各种标注方法等，最后举例介绍任务的创建步骤和方法。通过对本项目的学习，使读者能够更好地掌握工程制图的创建步骤和方法。

思考练习题

1. 根据自身需求创建工程图模板，如绘制 A4 图样模板。

2. 简述局部剖视图的创建步骤。

3. 尺寸标注都包括哪几个部分？具体如何操作？

4. 如何创建注释？

5. 根据给出的三维模型 Project06/Tu6-63.prt，绘制工程图，如图 6-65 所示。

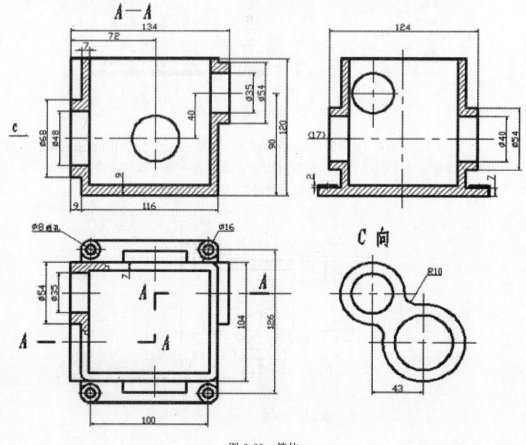

图 6-65　箱体

项目 7　UG NX 8.0 装配

UG 装配过程是在装配中建立部件之间的链接关系。它是通过关联条件在部件间建立约束关系,进而来确定部件在产品中的位置,形成产品的整体结构。在 UG 装配过程中,部件的几何体是被装配引用,而不是复制到装配中的。因此无论在何处编辑部件和如何编辑部件,其装配部件保持关联性。如果某部件修改,则引用它的装配部件将自动更新。本项目将在前面知识点的基础上,讲述如何利用 UG NX 8.0 的强大装配功能将多个部件或零件装配成一个完整的组件。

学习任务

如图 7-1 所示为某公司生产的"二级减速器",根据所给的各零部件三维造型,把各部件组装成总装机器。

图 7-1　二级减速器装配图

7.1　装配综述

在学习装配操作之前,首先要熟悉 UG NX 8.0 中的一些装配术语和基本概念,以及如何进入装配模式,本节主要介绍上述内容。

7.1.1　装配术语及定义

在装配中用到的术语很多,下面介绍在装配过程中经常用到的一些术语。

装配部件:是指由零件和子装配构成的部件。在 UG 中可以向任何一个 prt 文件中添加部件构成装配,因此任何一个 prt 文件都可以作为装配部件。在 UG 装配学习中,零件和部件不必严格区分。需要注意的是,当存储一个装配时,各部件的实际几何数据并不是存储在装配部件文件中,而是存储在相应的部件或零件文件中。

子装配：是指在高一级装配中被用作组件的装配，子装配也拥有自己的组件。其是一个相对的概念，任何一个装配部件可在更高级装配中用作子装配。

组件部件：是指装配中的组件指向的部件文件或零件，即装配部件链接到部件主模型的指针实体。

组件：是指按特定位置和方向使用在装配中的部件。组件可以是由其他较低级别的组件组成的子装配。装配中的每个组件仅包含一个指向其主几何体的指针。在修改组件的几何体时，会话中使用相同主几何体的所有其他组件将自动更新。

主模型：是指供 UG 模块共同引用的部件模型。同一主模型，可同时被工程图、装配、加工、机构分析和有限元分析等模块引用，当主模型修改时，相关应用自动更新。

自顶向下装配：是指在上下文中进行装配，即在装配部件的顶级向下产生子装配和零件的装配方法。先在装配结构树的顶部生成一个装配，然后下移一层，生成子装配和组件。

自底向上装配：自底向上装配是先创建部件几何模型，再组合成子装配，最后生成装配部件的装配方法。

混合装配：是将自顶向下装配和自底向上装配结合在一起的装配方法。

7.1.2 进入装配模式

在装配前先切换至装配模式，切换装配模式有两种方法。一种是直接新建装配，另一种是在打开的部件中新建装配，下面分别介绍。

（1）直接新建装配，如图 7-2 所示。

（2）在打开的部件中新建装配：在打开的模型文件环境即建模环境条件下，在工作窗口中的主菜单工具栏中单击"起始"→勾选"装配"，系统自动切换到装配模式，如图 7-3 所示。

图 7-2 "新建"对话框

图 7-3 进入装配模式

7.1.3 装配工具条

在装配模式下，在视图窗口会出现"装配"工具条，如图 7-4 所示。

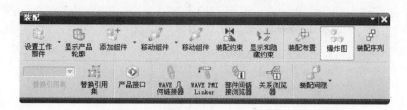

图 7-4　装配工具栏

7.2　装配导航器

装配导航器是一种装配结构的图形显示界面,又被称为装配树。在装配树形结构中,每个组件作为一个节点显示。它能清楚地反映装配中各个组件的装配关系,而且能让用户快速便捷选取和操作各个部件。例如,用户可以在装配导航器中改变显示部件和工作部件、隐藏和显示组件。下面介绍装配导航器的功能及操作方法。

7.2.1　装配导航器的一般功能

打开装配导航器,装配树形结构图显示如图 7-5 所示。

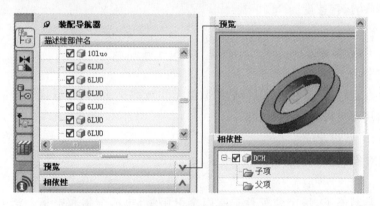

图 7-5　装配导航器

预览:"预览"面板是装配导航器的一个扩展区域,显示装载或未装载的组件。

相依性:"相依性"面板是装配导航器的特殊扩展,其允许查看部件或装配内选定对象的相关性,包括配对约束等。

7.2.2　装配导航器中的弹出菜单

如果将光标定位在树形图中节点处,单击鼠标右键,将会弹出如图 7-6 所示的弹出菜单。

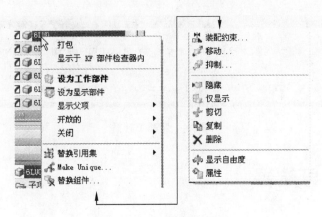

图 7-6 装配导航器快捷菜单

7.3 引用集

在装配中,由于各部件含有草图、基准平面及其他辅助图形数据。如果要显示装配中所有的组件或子装配部件的所有内容,由于数据量大,需要占用大量内存,不利于装配操作和管理。通过引用集能够限定组件装入装配中的信息数据量,同时避免了加载不必要的几何信息,提高机器的运行速度。

7.3.1 基本概念

引用集是在组件部件中定义或命名的数据子集或数据组,其可以代表相应的组件部件装入装配。引用集可以包含下列数据:

(1) 名称、原点和方位;

(2) 几何对象、坐标系、基准、图样体素;

(3) 属性。

在系统默认状态下,每个装配件都有两个引用集,包括全集和空集。全集表示整个部件,即引用部件的全部几何数据。在添加部件到装配时,如果不选择其他引用集,默认状态使用全集。空集是不含任何几何数据的引用集,当部件以空集形式添加到装配中,装配中看不到该部件。

"模型"和"轻量化"引用集:在系统装配时,系统还会增加上述两种引用集,从而定义实体模型和轻量化模型。

如图 7-7 所示,在装配导航器里选择齿轮组件→右击→"替换引用集"→"模型",则显示部件仅为实体模型。

如图 7-8 所示,在装配导航器里选择齿轮组件→右击→"替换引用集"→"整个部件",则显示部件为所有数据模型。

图 7-7　引用集为"模型"

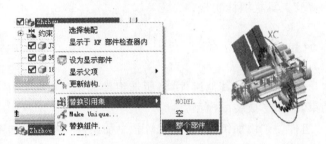

图 7-8　引用集为"整个部件"

7.3.2　创建引用集

执行"格式"→"引用集"命令,进入"引用集"对话框,如图 7-9 所示。利用对话框可以添加和编辑引用,下面分别介绍。

添加新的引用集:选择要作为引用集的对象(齿轮)→在"引用集名称"中输入名称(本例为 GEAR1)→当引用集替换为"GEAR1"时,则只显示添加对象,如图 7-10 所示。

编辑引用集:对所添加的对象可以进行修改、删除等。

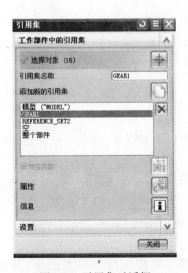

图 7-9　引用集对话框

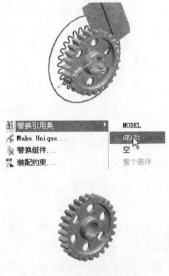

图 7-10　引用集创建

7.4   自底向上装配

自底向上装配是指先设计好了装配中的部件,再将该部件的几何模型添加到装配中。所创建的装配体将按照组件、子装配体和总装配的顺序进行排列,并利用关联约束条件进行逐级装配,最后完成总装配模型。装配操作可以在菜单中"装配"→"组件"下拉菜单中选择,也可以单击通过"装配"工具栏图标实现。

7.4.1   添加组件

在装配过程中,一般需要添加其他组件,将所选组件调入装配环境中,再在组件与装配体之间建立相关约束,从而形成装配模型。

执行"装配"→"组件"→"添加组件"命令,弹出"添加组件"对话框,如图 7-11 所示。

定位:添加组件定位方式有"绝对原点"、"选择原点"、"通过约束"、"移动"4 种。

绝对原点:指添加组件后,位于其本身创建模型时,相对于绝对坐标系原点的位置。

选择原点:指添加组件后,直接在装配模型中指定组件的位置。

移动:指添加组件后,直接在装配模型中通过移动 X、Y、Z 方向进行组件的定位。

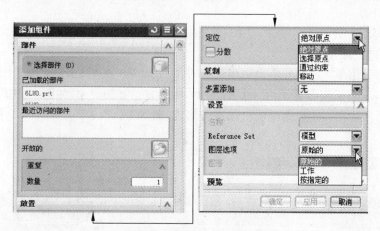

图 7-11   "添加组件"对话框

通过约束:选择"通过约束"选项→确定,将弹出约束对话框,如图 7-12 所示,共有 10 种约束类型、对应 4 种方位,下面将分别进行介绍。

接触:组件与组件直接以"面—面"的形式接触,分别选择图 7-13(a)的 B-B′面进行接触约束,结果如图 7-13(b)所示。

对齐:组件与组件直接以"面—面"的形式(一般为平面)对齐,分别选择图 7-13(a)的 A-A′面进行对齐约束,结果如图 7-13(c)所示。

同心:用于约束组件具有圆或圆弧的对象,所选对象为组件圆弧边缘,分别选择如图 7-14(a)外圆边缘和孔边缘,结果如图 7-14(b)所示。如果只需外圆柱和孔同心,则约束类型选"接触对齐",方位选"自动判断中心/轴",则结果如图 7-14(c)所示。

图 7-12　"装配约束"对话框

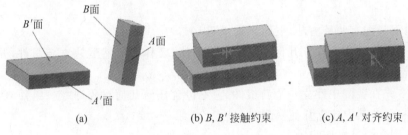

(a)　　　　　　　(b) B, B′ 接触约束　　　　　(c) A, A′ 对齐约束

图 7-13　接触/对齐约束创建

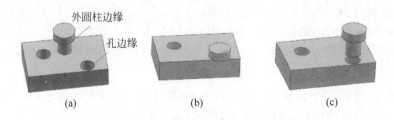

(a)　　　　　　　(b)　　　　　　　(c)

图 7-14　同心/自动判断中心创建

距离：用于组件间所选的参照之间以定义后的距离进行约束。

固定：定义组件，作为参照。

平行/垂直/角度：用于组件间所选的参照之间平面相互平行/垂直/成角度进行约束，如图 7-15 所示。

(a) 平行约束　　　　　　(b) 垂直约束　　　　　　(c) 角度约束

图 7-15　平行/垂直/角度约束创建

胶合：所选部件通过胶合约束后，不能再移动。

中心：约束后参照部件与所选的部件对象间呈中心约束。

7.5　自顶向下装配

自顶向下装配建模是工作在装配上下文中，建立新组件的方法。上下文设计指在装配中参照其他零部件对当前工作部件进行设计。在进行上下文设计时，其显示部件为装配部件，工作部件为装配中的组件，所作的工作发生在工作部件上，而不是在装配部件上，利用链接关系建立其他部件到工作部件的关联。利用这些关联，可链接复制其他部件几何对象到当前部件中，从而生成几何体。

7.5.1　自顶向下装配方法

自顶向下装配有两种方法，下面分别说明。

方法 1：先在装配中建立几何模型（草图、曲线、实体等），然后建立新组件，并把几何模型加入到新建组件中。

方法 2：先在装配中建立一个新组件，它不包含任何几何对象即"空"组件，然后使其成为工作部件，再在其中建立几何模型。

下面举例介绍其操作步骤。

方法 1：执行"新建"→在"新建"对话框中选择"装配"→在弹出的"添加组件"对话框中单击"取消"→在建模环境里绘出如图 7-16(a)所示模型→在"装配"工具栏中选择"新建组件"→在弹出"新建组件"对话框中输入文件名称为 a→"确定"→弹出"新建组件"选择对话框→选择图 7-16(a)所示模型→"确定"→完成新建组件 a 创建，装配导航器出现部件 a，如图 7-16(b)所示。

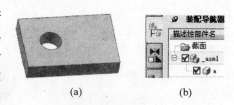

(a)　　　　　　　(b)

图 7-16　自顶向下装配创建 1

方法 2：在"装配"工具栏中选择"新建组件"→在弹出"新建组件"对话框中输入文件名称为 b→"确定"→弹出"新建组件"选择对话框→"确定"→装配导航器出现部件 b，如图 7-17(a)所示。

在装配导航器选择部件 b→右击→"设为显示部件"→在建模环境里绘出如图 7-17(b)所示模型，→完成新建组件 b 的创建。

(a)　　　　　　　　　(b)

图 7-17　自顶向下装配创建 2

7.6　部件间建模

部件间建模技术是指利用链接关系建立部件间的相互关联,实现相关参数化设计。用户可以在基于另一个部件的几何体和/或位置去设计一个部件。

7.6.1　WAVE 几何链接器

WAVE 几何链接器提供在工作部件中建立相关或不相关的几何体。如果建立相关的几何体,它必须被链接到在同一装配中的其他部件。链接的几何体相关到它的父几何体,改变父几何体引起在所有其他部件中链接的几何体自动地更新。

单击装配工具栏中“WAVE 几何链接器”按钮,进入“WAVE 几何链接器”对话框,如图 7-18 所示。

图 6-18　“WAVE 几何链接器”对话框

在对话框“类型”下拉列表框中,系统提供了 9 种链接的几何体类型,下面分别介绍。

复合曲线:用于从装配体中另一部件链接一曲线或线串到工作部件。选择该选项,并选择需要链接的曲线后,单击“确定”按钮即可将选中的曲线链接到当前工作部件。

指:用于链接在装配体中另一部件中建立的点或直线到工作部件。

基准:用于从装配件中另一部件链接一基准特征到工作部件。

草图:用于从装配件中另一部件链接一草图到工作部件。

面:用于从装配体中另一部件链接一个或多个表面到工作部件。

面区域:用于在同一配件中的部件间创建链接区域(相邻的多个表面)。

体:用于链接一实体到工作部件。

镜像体:用于将当前装配体中的一个部件的特征相对于指定平面的镜像体链接到工作部件。在操作时,需要先选择特征,再选择镜像平面。

管线布置对象:用于从装配体中另一部件链接一个或多个管道对象到工作部件。

下面举例介绍其操作步骤。

利用已经存在的如图 7-19(a)(路径:projec07/tu7-17.prt)所示箱体零件,创建一箱盖。

（1）在"装配"工具栏中选择"新建组件"→在弹出"新建组件"对话框中输入文件名称为 b→"确定"→弹出"新建组件"选择对话框→"确定"。

（2）在装配导航器选择部件 b→右击→"设为工作部件"（此时箱体部件变为灰色）→单击 WAVE 几何链接器命令图标→在弹出如图 6-18 所示的对话框中"类型"选"复合曲线"，勾选"关联"、"固定于当前时间戳记"→选取图 7-19（b）所示模型上表面边缘轮廓线→"确定"→复制相应曲线如图 7-19（b）所示。

（3）在装配导航器选择部件 b→右击→"设为显示部件"→在建模环境里选取如图 7-19（b）所示曲线→利用拉伸命令拉伸 5mm，结果如图 7-19（c）所示。

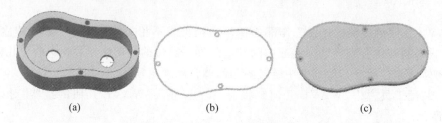

(a)　　　　　　　　　　　(b)　　　　　　　　　　　(c)

图 7-19　　WAVE 几何链接器创建

7.7　编辑组件

组件添加到装配以后，可对其进行抑制、阵列、镜像和移动等编辑操作。通过上述方法来实现编辑装配结构、快速生成多个组件等功能。本节主要介绍常用的几种编辑组件的方法。

7.7.1　抑制组件

该选项是用于从视图显示中移除组件或子装配，以方便装配。

执行"装配"→"组件"→"抑制组件"命令（或单击装配工具栏"抑制组件"按钮），弹出"类选择"对话框。选择需要抑制的组件或子装配，单击"确定"按钮，即可将选中的组件或子装配从视图中移除。

7.7.2　组件阵列

在装配中组件阵列是一种对应装配约束条件快速生成多个组件的方法。执行"装配"→"组件"→"创建阵列"命令（或单击装配工具栏"创建阵列"按钮），弹出"类选择"对话框如图 7-20 所示。选择需阵列的组件如图 7-21（a）螺钉，单击"确定"按钮后，会弹出"创建组件阵列"对话框，如图 7-22 所示。

在图 7-22 所示对话框中选择"线性"→"确定"→在弹出如图 7-23 所示对话框中选择"对边焊"→分别选择如图 7-21（a）所

图 7-20　组件阵列"类选择"对话框

示水平边和另一边作为 XC、YX 方向→设置各项参数如图 7-23 所示→"确定"→结果如图 7-21(b)所示。

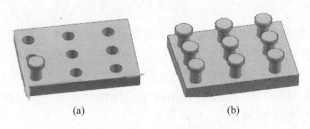

(a)　　　　　(b)

图 7-21　组件阵列创建

图 7-22　"创建组件阵列"对话框

图 7-23　"创建线性阵列"对话框

7.7.3　镜像装配

在装配过程中,如果窗口有多个相同的组件,可通过镜像装配的形式创建新组件。执行"装配"→"组件"→"镜像装配"命令(或单击装配工具栏"镜像装配"按钮),弹出"镜像装配向导"对话框,如图 7-24 所示→"下一步"→选取要阵列的组件如图 7-25(a)所示→"下一步"→选取要阵列的平面→"下一步"→完成,结果如图 7-25(b)所示。

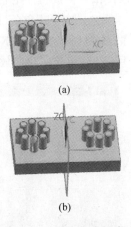

(a)

(b)

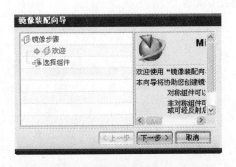

图 7-24　"镜像装配向导"对话框

图 7-25　镜像装配创建

7.7.4　移动组件

在装配过程中,如果之前的约束关系并不是当前所需的,可对组件进行移动。重新定位包括点到点、平移、绕点旋转等多种方式。

执行"装配"→"组件"→"移动组件"命令(或单击装配工具栏"移动组件"按钮),弹出"移动组件"提醒对话框,如图 7-26 所示(注:该命令只能移动未进行位置约束的自由度方向)。移动组件的创建如图 7-27 所示。

(a) 显示移动手柄

(b) 动态移动组件

图 7-26　"移动组件"对话框　　　　图 7-27　移动组件创建

7.7.5　装配序列

装配序列主要用于为产品的设计和制造提供方便查看装配过程的工具。利用该选项可以建立不同的装配序列,包括拆卸序列,也可以给一个组件、组件组或子装配建立装配次序,同时还可以模拟和回放排序的信息。

执行"装配"→"序列"命令(或在装配工具栏单击"装配序列"按钮),视图窗口出现装配序列工具条,标题栏也变为"NX8-Sequencing"。装配序列工具条包括"装配序列"工具栏,如图 7-28 所示。"装配序列回放"工具栏,如图 7-29 所示。

图 7-28　"装配序列"工具栏　　　　图 7-29　"装配序列回放"工具栏

7.8   装配爆炸图

装配爆炸图是指在装配环境下,将装配体中的组件拆分开来,目的是为了更好地显示整个装配的组成情况。同时可以通过对视图的创建和编辑,将组件按照装配关系偏离原来的位置,以便观察产品内部结构以及组件的装配顺序。

爆炸图同其他用户定义视图一样,各个装配组件或子装配已经从它们的装配位置移走。用户可以在任何视图中显示爆炸图形,并对其进行各种操作。可对爆炸视图组件进行编辑操作。

选择菜单栏"装配"→"爆炸图"→"显示工具条"命令(或单击装配工具栏"爆炸图"按钮),弹出"爆炸图"工具栏,如图 7-30 所示。

图 7-30 "爆炸图"工具栏

1. 新建爆炸图

要查看装配体内部结构特征及其之间的相互装配关系,需要创建爆炸视图。通常创建爆炸视图的方法是,执行"装配"→"爆炸图"→"创建爆炸图"命令(或单击"爆炸图"工具栏"新建爆炸图"按钮),弹出"新建爆炸图"对话框,如图 7-31 所示,在名称栏输入相应的爆炸图名称→"确定"即可。

图 7-31 "新建爆炸图"对话框

2. 编辑爆炸图

在完成爆炸视图后,如果没有达到理想的爆炸效果,通常还需要对爆炸视图进行编辑。

执行"装配"→"爆炸图"→"编辑爆炸图"命令(或单击"爆炸图"工具栏"编辑爆炸图"按钮),弹出"编辑爆炸图"对话框,如图 7-32(a)所示。

(a)   (b)

图 7-32 "编辑爆炸图"对话框

　　选择如图 7-33(a)所示组件→选取如图 7-32(b)所示"移动对象"选项→鼠标左键按住
Y 轴往－Y 方向移动一段距离→确定,结果如图 7-33(b)所示。

(a)　　　　　　　　　　　　　　　　　(b)

图 7-33　编辑爆炸图创建

3. 自动爆炸组件

　　该项用于按照指定的距离自动爆炸所选的组件。

　　执行"装配"→"爆炸图"→"自动爆炸组件"命令(或单击"爆炸图"工具栏"自动爆炸组件"按钮),弹出"类选择"对话框。选择需要爆炸的组件,单击"确定"按钮,弹出"爆炸距离"对话框。在该对话框"距离"文本框中输入偏置距离,单击"确定"按钮,将所选的对象按指定的偏置距离移动。如果勾选"添加间隙"选项,则在爆炸组件时,各个组件根据被选择的先后顺序移动,相邻两个组件在移动方向上以"距离"文本框输入的偏置距离隔开。

4. 取消爆炸组件

　　该选项用于取消已爆炸的视图。执行"装配"→"爆炸图"→"取消爆炸组件"命令(或单击"爆炸图"工具栏"取消爆炸组件"按钮),弹出"类选择"对话框。选择需要取消爆炸的组件,单击"确定"按钮即可将选中的组件恢复到爆炸前的位置。

5. 删除爆炸图

　　该选项用于删除爆炸视图。当不需要显示装配体的爆炸效果时,可执行"删除爆炸图"操作将其删除。通常删除爆炸图的方式是:单击"爆炸图"工具栏中的"删除爆炸图"按钮,或者执行"装配"→"爆炸图"→"删除爆炸图"命令,进入"爆炸图"对话框,系统在该对话框中列出了所有爆炸图的名称,用户只需选择需要删除的爆炸图名称,单击"确定"按钮即可将选中的爆炸图删除。

任务分析及实施

1. 任务分析

　　(1) 根据所给任务,需要装配的部件均已创建好,故使用自底向上装配的方法。由于所装配零部件比较多,所以应该分为六大子装配进行装配,分别为减速箱盖、轴类及齿轮类1、轴类及齿轮类2、轴类及齿轮类3、减速箱底座、轴承盖及各螺栓。

　　(2) 位置约束:本次所有部件位置关系比较简单,基本都是"接触/对齐"和"中心",故装配方法比较简单。

2. 任务实施

1) 创建减速箱底座子装配

（1）执行"新建"→"装配"，在名称栏输入 jsx. prt→"确定"→在弹出"添加部件"对话框中单击"取消"。

（2）在"装配"工具栏中选择"新建组件"→在弹出"新建组件"对话框中输入文件名称为 jsxzd→"确定"→弹出"新建组件"选择对话框→"确定"。

（3）在装配导航器里双击部件 jsxzd→单击"添加组件"命令图标→在"路径目录 project07/tu7-01"找到 zd. prt→"确定"，结果如图 7-34 所示。

图 7-34　减速箱底座

（4）在部件 jsxzd 父项下→单击"添加组件"命令图标→在"路径目录 project07/tu7-01"找到 yb. prt→在弹出对话框中，定位方式选择"通过约束"→"确定"，类型选取"接触/对齐"，方位选择"自动判断中心/轴"方式，选取游标外圆和底座内圆孔；类型选取"接触/对齐"，方位选择"接触"方式，选取游标台阶面和底座台阶面，结果如图 7-35 所示。利用同样的方法添加组件 ys. prt，结果如图 7-36 所示。

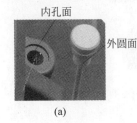

（a）

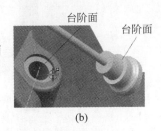

（b）

图 7-35　减速箱底座游标部件装配

图 7-36　减速箱子装配创建

2) 创建轴类及齿轮类 1 子装配

（1）在"装配"工具栏中选择"新建组件"→在弹出"新建组件"对话框中输入文件名称为 zhou_1. prt→"确定"→弹出"新建组件"选择对话框→"确定"。

（2）在装配导航器里双击部件 zhou_1. prt→单击"添加组件"命令图标→在"路径目录 project07/tu7-01"找到 z_1. prt→"确定"，结果如图 7-37 所示。

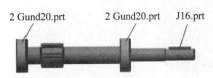

图 7-37　轴、轴承组件的添加及装配约束

（3）在部件 zhou_1 父项下→单击"添加组件"命令图标→在"路径目录 project07/tu7-01"找到 2 Gund20. prt→在弹出对话框中，定位方式选择"通过约束"→"确定"，类型选取"接触/对齐"，方位选择"自动判断中心/轴"方式，选取滚动轴承内圆孔和轴外圆；类型选取"接触/对齐"，方位选择"接触"方式，选取滚动轴承端面和轴台阶面，结果如图 7-37 所示。

（4）在部件 zhou_1 父项下→单击"添加组件"命令图标→在"路径目录 project07/tu7-01"找到 J16. prt→在弹出对话框中，定位方式选择"通过约束"→"确定"，类型选取"接触/对齐"，方位选择"自动判断中心/轴"方式，选取键槽内圆孔和键外圆；类型选取"接触/对齐",方位选择"接触"方式,选取键槽和键底面;类型选取"平行",选取键槽和键侧面,结果如图 7-37 所示。

(5) 单击装配约束命令图标 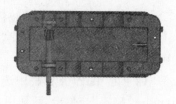→类型选取"中心",子类型选择"2 对 2"→分别选择两滚动轴承外端面、减速箱底座方孔宽度方向两内孔面,使两轴承关于减速箱体对称布置;类型选取"接触/对齐",方位选择"自动判断中心/轴"方式,选取滚动轴承外圆和轴承孔内圆,结果如图 7-38 所示。

图 7-38 轴类及齿轮类 1 和
减速箱底座装配

3) 创建轴类及齿轮类 2 子装配

(1) 在"装配"工具栏中选择"新建组件"→在弹出"新建组件"对话框中输入文件名称为 zhou_2. prt→"确定"→弹出"新建组件"选择对话框→"确定"。

(2) 在装配导航器里双击部件 zhou_2. prt→单击"添加组件"命令图标→在"路径目录 project07/tu7-01"找到 z_2. prt→"确定",结果如图 7-39 所示。

(3) 利用和创建轴类及齿轮类 1 同样的方法分别添加键 J30.prt、J36.prt,齿轮 chi_1.prt、chi_2.prt,滚动轴承 Gund25.prt,定位套筒 18k1.prt、35k2.prt,结果如图 7-39 所示。

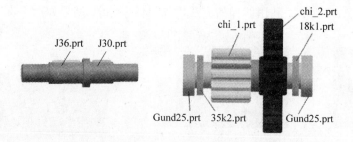

图 7-39 轴类及齿轮类 2 各组件装配约束

(4) 单击装配约束命令图标 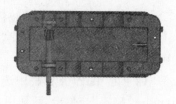→类型选取"中心",子类型选择"2 对 2"→分别选择两滚动轴承外端面、减速箱底座方孔宽度方向两内孔面,使两轴承关于减速箱体对称布置;类型选取"接触/对齐",方位选择"自动判断中心/轴"方式,选取滚动轴承外圆和轴承孔内圆,结果如图 7-40 所示。

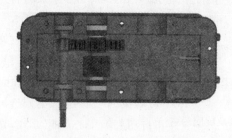

图 7-40 轴类及齿轮类 2 和减速箱底座装配

4) 创建轴类及齿轮类 3 子装配

其创建方法同 3) 创建轴类及齿轮类 2,结果分别如图 7-41、图 7-42 所示。

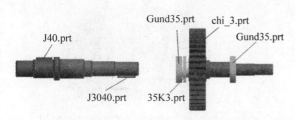

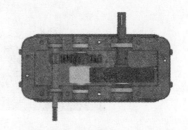

图 7-41　轴类及齿轮类 2 各组件装配约束　　　　图 7-42　轴类及齿轮类 3 和减速箱底座装配

5）创建减速箱上盖子装配

（1）在"装配"工具栏中选择"新建组件"→在弹出"新建组件"对话框中输入文件名称为jsxsg→"确定"→弹出"新建组件"选择对话框→"确定"。

（2）在装配导航器里双击部件 jsxsg→单击"添加组件"命令图标→在"路径目录 project07/tu7-01"找到 sg.prt→"确定"，结果如图 7-43 所示。

（3）在部件 jsxsg 父项下→单击"添加组件"命令图标→在"路径目录 project07/tu7-01"找到 tianchuang.prt→在弹出对话框中，定位方式选择"通过约束"→"确定"，类型选取"接触/对齐"，方位选择"自动判断中心/轴"方式，分别选取天窗和减速箱上盖内圆孔（利用同样方法，约束三个孔同心）；类型选取"接触/对齐"，方位选择"接触"方式，选取天窗底面和减速箱上盖面，结果如图 7-44 所示。利用同样的方法添加组件 kong.prt，结果如图 7-45所示。

图 7-43　减速箱上盖组件添加　　　　图 7-44　减速箱上盖和天窗装配约束创建

（4）在部件 jsxsg 父项下→单击"添加组件"命令图标→在"路径目录 project07/tu7-01"找到 Tgs.prt→在弹出对话框中，定位方式选择"通过约束"→"确定"，类型选取"接触/对齐"，方位选择"自动判断中心/轴"方式，分别选取透气塞外圆和组件 kong.prt 内圆孔；类型选取"接触/对齐"，方位选择"接触"方式，选取透气塞台阶面和组件 kong.prt 上表面，结果如图 7-45 所示。

（5）单击装配约束命令图标 ⬚ →类型选取"接触/对齐"，方位选择"自动判断中心/轴"方式，分别选取减速箱上下盖螺栓孔（利用同样方法，约束三个孔同心）；类型选取"接触/对齐"，方位选择"接触"方式，分别选取减速箱上盖底面、减速箱底座上表面，结果如图 7-46 所示。

6）轴承盖及各螺栓子装配

（1）在"装配"工具栏中选择"新建组件"→在弹出"新建组件"对话框中输入文件名称为Zcg→"确定"→弹出"新建组件"选择对话框→"确定"。

图 7-45　减速箱上盖天窗各组件装配约束　　　　　图 7-46　减速箱上下盖装配约束

（2）在装配导航器里双击部件 Zcg→单击"添加组件"命令图标→在"路径目录 project07/tu7-01"找到 dg1. prt→"确定"，结果如图 7-47（a）所示。

（3）在部件 Zcg 父项下→单击"添加组件"命令图标→在"路径目录 project07/tu7-01"找到 dc1. prt→在弹出对话框中，定位方式选择"通过约束"→"确定"，类型选取"接触/对齐"，方位选择"自动判断中心/轴"方式，分别选取轴承盖和垫圈内圆孔（利用同样方法，约束三个孔同心）；类型选取"接触/对齐"，方位选择"接触"方式，选取轴承盖和垫圈端面，结果如图 7-47（a）所示。

（4）在部件 Zcg 父项下→单击"添加组件"命令图标→在"路径目录 project07/tu7-01"找到 8LUO. prt→在弹出对话框中，定位方式选择"通过约束"→"确定"，类型选取"接触/对齐"，方位选择"自动判断中心/轴"方式，分别选取轴承盖内圆孔和螺钉外圆；类型选取"接触/对齐"，方位选择"接触"方式，选取轴承盖端面螺钉台阶面，结果如图 7-47（b）所示。

（5）单击装配约束命令图标 📷 →类型选取"接触/对齐"，方位选择"自动判断中心/轴"方式，分别选取减速箱上盖轴承盖端面孔、轴承盖 1 螺钉（利用同样方法，约束三个孔同心）；类型选取"接触/对齐"，方位选择"接触"方式，选取分别减速箱上盖轴承盖端面、轴承盖 1 端面，结果如图 7-48 所示。利用同样方法分别装配约束轴承盖 2、轴承盖 3，结果如图 7-49 所示。

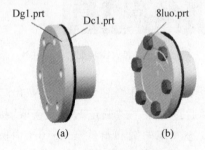

图 7-47　轴承盖 1 各组件装配约束　　　　　图 7-48　轴承盖 1 和减速箱体装配约束

（6）添加各螺栓至减速箱体，由于操作过程比较简单，步骤略，结果如图 7-50 所示。

图 7-49　各轴承盖与箱体装配约束　　　　　图 7-50　各螺栓与箱体装配约束

小结

UG 装配模块不仅能快速组合零部件成为产品,而且在装配中,可参照其他部件进行部件关联设计,并可对装配模型进行间隙分析等操作。装配模型生成后,可建立爆炸视图。

思考练习

1. "自底向上装配"和"自顶向下装配"均应用在何具体情况下?
2. 什么是引用集? 为何要使用引用集? 如何创建和编辑引用集?
3. 组件定位有几种方式? 均如何操作?
4. 如何创建装配爆炸?
5. 创建齿轮泵模型:本练习创建齿轮泵模型,采用自底向上装配方式,可采用对齐、中心、平行等约束方式。生成的装配效果如图 7-51 所示。

图 7-51　齿轮泵模型

项目 8　UG NX 8.0 注塑模具设计

UG NX 8.0 注塑模具设计(Mold Wizard)模块是 Unigraphics NX 软件中设计注塑模具的专业模块。Mold Wizard 为设计模具的型芯、型腔、滑块、推杆和嵌件提供了更进一步的建模工具,使模具设计变得更快捷、更容易,它的最终结果是创建出与产品参数相关的三维模具,并能用于模具数控加工。

学习任务

(1) 根据如图 8-1 所提供的"手机壳体"(光盘 Project08/tu8-1.Prt)产品零件,试完成以下几个任务:①设置开模方向;②此模具为"一模两件";③补孔补面。

图 8-1　手机壳体

(2) 根据如图 8-2 所提供的"压紧盖模型"(光盘 Project08/tu8-2.Prt)产品零件,试完成以下几个任务:①设置分型面;②完成型芯型腔的创建;③调用标准模具。

图 8-2　压紧盖模型

8.1　注塑模具设计准备过程

Mold Wizrad 的模具设计需要一个准备过程。在这个准备过程中主要有初始化项目、模具坐标系、收缩率的设定,设计模胚工件、模腔布局。接下来将 Mold Wizrad 模具设计准备过程——做详细的介绍。

8.1.1　塑料模具设计流程

Mold Wizard 需要以一个 Unigraphics NX 的三维模型作为模具设计原型。如果有一个实体模型不是 Unigraphics NX 的文件格式，则必须转换成 Unigraphics NX 的文件格式或重新用 Unigraphics NX 造型；如果一个实体模型不适合做模具设计原型，则需要用 Unigraphics NX 标准的造型技术编辑该模型。正确的模型有利于 Mold Wizard 的自动化。

如图 8-3 所示，展示了使用 Mold Wizard 的流程，流程图中的前三步是创建和判断一个三维实体模型是否适用于模具设计，一旦确定使用该模型作为模具设计依据，则必须考虑应该怎样实施模具设计，这就是第四步所表示的意思。

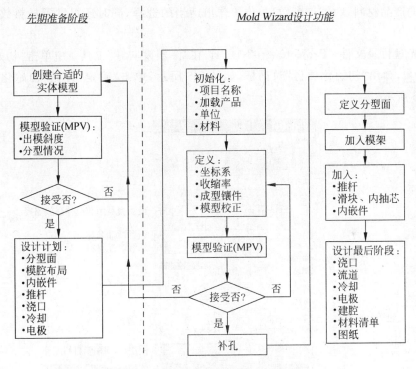

图 8-3　塑料模具设计流程图

8.1.2　塑料模具设计 Mold Wizrad 的工具命令

UG NX 8.0 与 NX 系列的旧版本一样，都遵循了模具设计的一般规律，其设计过程基本上都是按照如图 8-4 所示"注塑模向导"工具条上的流程进行的。

从图标的排列中可以看出，设计功能是按从左至右的顺序排列的，紧扣注塑模具设计的各个环节，下面将对常用功能做逐一介绍。

1. 初始化项目

"初始化项目"其实是一个模具总装配体 TOP 的初始化克隆过程。它分为两个阶段：产品模型加载阶段和初始化阶段。设计者随后在这个模具装配结构的引导和控制下逐一创

图 8-4　"注塑模向导"工具条

建模具的相关部件。

　　在初始化项目过程中,可对模型文件的路径、模型名称进行重设置,并根据 Mold Wizard 模块提供的产品材料、收缩率参数、单位等作出适当的选择,同时还提供了材料数据库等编辑功能。

　　打开光盘目录文件:Project08/tu8-1.Prt,在"注塑模向导"工具条中单击"初始化项目"按钮图标 📇 ,弹出"初始化项目"对话框,如图 8-5 所示,单击"确定"按钮,初始化后手机壳体如图 8-6 所示。

图 8-5　"初始化项目"对话框

2. 模具坐标系

　　"模具坐标系"就是在 Mold Wizard 模块中进行模具设计的工作坐标系。模具坐标系在整个模具设计过程中起着非常重要的作用。它直接影响到模具模架的装配及定位,同时它也是所有标准件加载的参照基准。在 UG 的 Mold Wizard 中,规定模具坐标系的 ZC 轴矢

图 8-6　初始化手机壳体

量指向模具的开模方向,前模(定模)部分与后模(动模)部分以 XY 平面为分界平面。

初始化项目以后,图形编辑区中的坐标系是产品设计造型时的工作坐标系,如果模具开模方向与产品坐标系 ZC 轴方向不合,那么就需要对产品坐标系进行调整。下面以一个实例来说明产品坐标系的修改以及模具坐标系的设置,操作步骤如下:

由于图 8-6 所示产品坐标系 Z 轴方向未指向开模方向,所以应该先指定产品坐标系 Z 轴与开模方向一致。

单击"格式"→WCS→"旋转"命令,在弹出的对话框中设置如图 8-7(a)所示选项→"应用";同理,设置如图 8-7(b)所示选项→"确定",结果如图 8-8 所示。

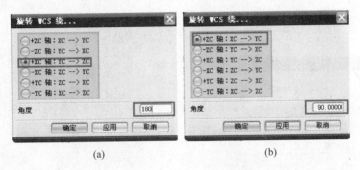

(a)　　　　　　　　　(b)

图 8-7　旋转坐标系对话框

在"注塑模向导"工具条中单击"模具坐标系"按钮图标 ⬚,弹出"模具坐标系"对话框→设置如图 8-9 所示选项→"确定",结果如图 8-10 所示。

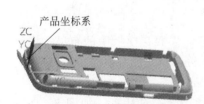

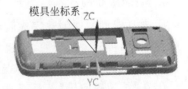

图 8-8　产品坐标系设置　　　　图 8-9　模具坐标系对话框　　　图 8-10　模具坐标系设置

3. 产品收缩率的设置

收缩率的设定方法有两种:一种是在初始化项目时进行设定,如图 8-5 所示,另一种则是使用"注塑模向导"工具条上的"收缩率"工具进行设定。

在"注塑模向导"工具条上单击"收缩率"按钮图片,弹出"缩放体"对话框,同时界面中的模型红色高亮显示。这时对话框中的收缩类型程序默认为"均匀"类型,如图 8-11 所示。Mold Wizard 提供了 3 种比例收缩类型,分别为"均匀"、"轴对称"和"常规"。在比例因子选项中直接输入所需比例数值即可。

4. 工件

模具坐标系确定以后,就可创建模胚工件了。一般情况下,自动工件的参数不做任何更改设置。操作步骤如下：

（1）在"注塑模向导"工具条中单击"工件"按钮，程序弹出"工件"对话框。

（2）将工件类型设为"产品工件"，将工件方法设为"用户定义的块"，分别定义 X、Y 宽度距离和 Z 向拉伸距离，如图 8-12 所示。

图 8-11　产品收缩率对话框

图 8-12　模胚工件对话框

（3）最后单击"确定"按钮，程序自动创建出模胚工件，结果如图 8-13 所示。

5. 型腔布局

模具成型零件创建完成后，按设计要求进行模腔的布局。模腔在模板中的布局按模腔数量来分，可分为单模腔、双模腔、四模腔、八模腔、十六模腔等。模腔的数量是由模具成本、产品生产数量、时间等因素决定。

在"注塑模向导"工具条中单击"型腔布局"按钮，弹出"工件"对话框。如图 8-14（a）所示。

1）矩形布局

"矩形布局"就是模腔的方向不变呈矩形进行布局，如四模腔、六模腔、八模腔等。

分别设置如图 8-14（a）所示，创建结果如图 8-14（b）所示。

2）圆形布局

"圆形布局"就是以一个参考点作旋转点，进行实体旋转复制操作。

分别设置如图 8-14（c）所示，创建结果如图 8-14（d）所示。

矩形布局方式共有两种：第一种为"平衡布局"，第二种为"线性布局"，下面将分别介绍。

（1）平衡布局

"平衡布局"就是布局方向一致的双模腔布局，实际上也是一个旋转阵列的变换操作，其布局方式如图 8-15 所示。

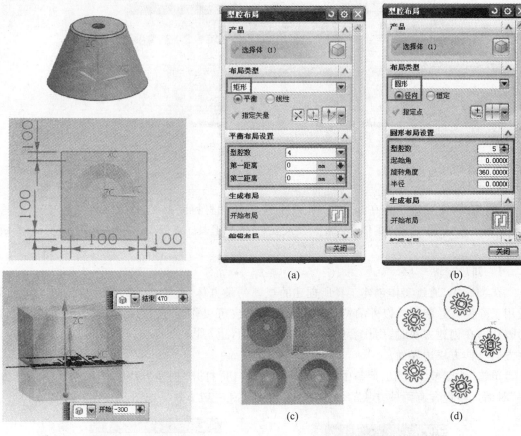

图 8-13　创建模胚工件　　　　　　图 8-14　型腔布局创建

（2）线性布局

"线性布局"就是布局方向不变、呈直线排列的双模腔布局，其布局方式如图 8-16 所示。

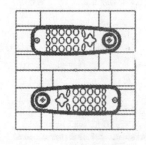

图 8-15　模腔平衡布局

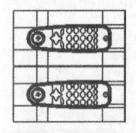

图 8-16　模腔线性布局

8.1.3　注塑模工具

UG NX Mold Wizard 的模具工具具有强大的孔、槽等破面修补功能，Mold Wizard（以下简称 MW）工具与分型功能紧密结合，能完成各种复杂模具的设计。

在"注塑模向导"工具条中单击"模具工具"按钮图标，弹出"注塑模工具"工具条，工具条中的各功能命令如图 8-17 所示。

图 8-17　注塑模工具条

1. 实体修补工具

所谓"实体修补"是指在产品或成型零件上创建加材料或减材料特征。在实体修补工具中包括有创建方块、分割实体、轮廓拆分及实体补片工具。接下来将这些功能工具一一做介绍。

1）创建方块

在 UG 中，通过实体创建工具所创建的规则的长方体特征称为方块。"创建方块"工具适用于除模具总装配体以外的特征创建。方块不仅可以作为模胚使用，还可用来修补产品的破孔。在创建方块时，用作参照的面可以为平面，也可以为曲面，程序会自动按一定的尺寸方向延伸方块边界面。

单击"注塑模工具"工具条中的"创建方块"按钮，打开"创建方块"对话框。在"创建方块"对话框中包含有两种方块的创建类型：包容块和一般方块。如图 8-18 和图 8-19 所示。

图 8-18　包容块类型对话框　　　　图 8-19　一般方块类型对话框

创建的结果分别如图 8-20（a）和图 8-20（b）所示。

2）分割实体

"分割实体"是指用一个面、基准平面或其他几何体去分离一个实体，对得到的两个体保留所有参数。"分割实体"工具同样不能在模具总装配体结构下使用。

"模具"工具条中的"分割实体"工具与建模模块中的"拆分体"工具既有本质上的类似，

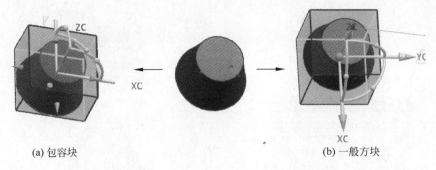

(a) 包容块　　　　　　　　　　　　(b) 一般方块

图 8-20　创建方块

也有应用方面的不同。

（1）它们都是作布尔求差运算。

（2）"拆分体"工具应用时，分割工具必须与分割目标体形成完整相交，而"分割实体"工具则没有这个限制。操作方式与建模类似，在此不再详解，分割后结果如图 8-21 所示。

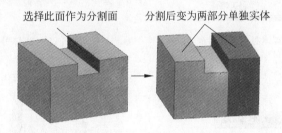

图 8-21　分割实体创建

3）实体补片

"实体补片"就是指当产品上有形状较简单的插、碰穿孔特征时，创建一个实体来封闭产品上的孔特征，然后将这个实体特征定义为 MW 模式下默认的补片。这个实体在型芯、型腔分割以后，按作用的不同既可以与型芯或型腔合并成一整体，还可作为抽芯滑块或成型小镶块，"实体补片"工具只有在孔特征上先创建出一个实体后才可使用。

单击"注塑模具"工具条中的"实体补片"按钮，程序弹出"实体补片"对话框，如图 8-22 所示，分别选择"产品实体"和"补片体"后结果如图 8-23(c)所示。

2. 曲面修补工具

"模具"工具条上的曲面修补工具，其主要作用就是用来修补模型的开放区域（靠破孔）。曲面修补工具主要包括有边缘修补、修剪区域补片、扩大曲面、编辑分型面和曲面及拆分面等工具。下面将曲面修补工具的功能一一做介绍。

1）边缘修补

"边缘修补"是指通过选择闭环曲线，生成片体来修补曲面上的孔。边缘修补的应用范围较广，特别是曲面形状特别复杂的孔修补，且生成的补面光顺，适合机床加工。

单击"注塑模具"工具条中的"边缘修补"按钮，程序弹出"边缘修补"对话框，如图 8-24 所示，利用分段图标逐步选择孔内边缘（注意：需取消"按面的颜色遍历"复选框的选中），结果分别如图 8-25(a)和图 8-25(b)所示。

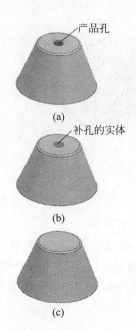

图 8-23 实体补片的创建

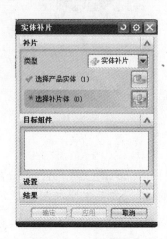

图 8-22 "实体补片"对话框

图 8-24 "边缘修补"对话框

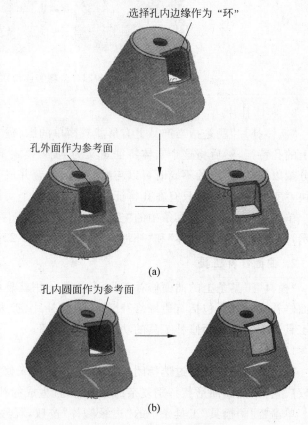

图 8-25 边缘修补创建

2) 修剪区域补片

"修剪区域补片"就是指通过用选定的边修剪实体，创建出曲面补片。"修剪区域补片"工具的应用是在创建修补实体之后。

单击"注塑模具"工具条中的"修剪区域补片"按钮，程序弹出"修剪区域补片"对话框，如图 8-26 所示，利用分段图标逐步选择孔内边缘，结果分别如图 8-27(a)和图 8-27(b)所示。

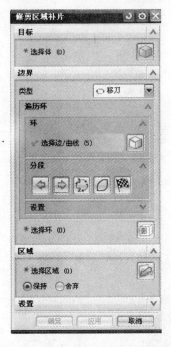

图 8-26　"修剪区域补片"对话框

(a) 保持内部

(b) 保持外部

图 8-27　修剪区域补片创建

3) 扩大曲面

"扩大曲面"是通过扩大产品模型上的已有曲面来获取的面，再通过控制获取面的 U、V 方向来扩充百分比，经过选取修剪区域并保留得到补片。

"扩大曲面"工具主要用来修补形状简单的平面、曲面上的破孔。

在"注塑模具"工具条上单击"扩大曲面"按钮，程序弹出"选择面"对话框，在模型破孔边上选择要扩大的面后，弹出如图 8-28 所示的"扩大曲面补片"对话框。其创建结果如图 8-29 所示。

4) 拆分面

"拆分面"就是将一面拆分成两个或更多的面。MW 中"拆分面"工具与建模模块中的"分割面"作用相同，"拆分面"主要用于所补型面的孔或者是分型面为整体，并没有分为前模、后模两部分时，需要利用此命令分割为两部分才能进行分模。

在"注塑模具"工具条中单击"拆分面"按钮，程序弹出"拆分面"对话框，如图 8-30 所示。对话框中包含有 3 个选择步骤：选择面、选择曲线/边、选择基准平面。其创建效果如图 8-31 所示。

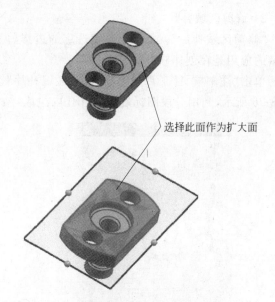

图 8-28 "扩大曲面补片"对话框   图 8-29 扩大曲面创建

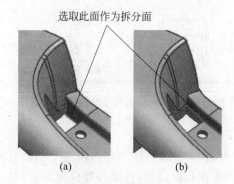

图 8-30 "拆分面"对话框   图 8-31 拆分面创建

8.2 塑料模具设计

塑料模具设计包括型腔布局(前面已经叙述),分型面设计、三大系统的设计(浇注系统、冷却系统和顶出系统)以及模架的选用等。本节重点讲解分型面设计的操作方法,型面设计时所需要注意的是做锁模需有 R 角间隙以及分型面中若有斜面与平面相接时要做 R 圆角处理。

8.2.1 模具分型工具

模具分型工具是基于一塑料产品模型创建型芯、型腔的过程。模具分型工具功能所提供的工具有助于快速实现分模及保持产品与型芯、型腔的关联。

在"注塑模向导"工具条中单击"模具分型工具"按钮,程序弹出如图 8-32 所示的"模具分型工具"工具条。接下来将工具体各分型功能一一做详细的介绍。

图 8-32　模具分型工具条

1. 区域分析

"区域分析"也称"MPV 模型验证",它主要用来分析产品的拔模面、型腔和型芯区域面,以及分型面的属性检查和分型线的控制等。

在"模具分型工具"对话框中单击"区域分析"按钮,程序弹出"检查区域"对话框,如图 8-33 所示,通过"面"、"区域"选项检查产品的拔模角度情况、型芯型腔情况以及分型的选取情况等是否合理。

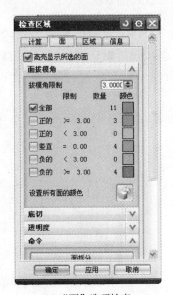

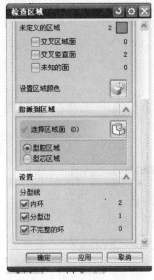

(a)"面"选项检查　　　　　　(b)"区域"选项检查

图 8-33　"检查区域"对话框

2. 曲面补片

"曲面补片"是指通过选择闭环曲线,生成片体来修补曲面上的孔。"曲面补片"的应用范围较广,特别是曲面形状特别复杂的孔修补,且生成的补面光顺,适合机床加工。其用法和"边缘修补"一致,在此不再详解。

3. 设计分型面

"设计分型面"主要包括"分型线的创建、编辑"和"分型面的创建、编辑"两个过程。

产品的主分型线及引导线创建完成后,就可以创建和编辑分型面了。UG MW 模具分型工具中提供了强大的多种曲面创建功能,如拉伸、扫掠、有界平面、扩大曲面、条带曲面等。

在"模具分型工具"对话框中单击"设计分型面"按钮,程序弹出"设计分型面"对话框,如

图 8-34 所示,下面将通过具体例子来详解各选项的用法。

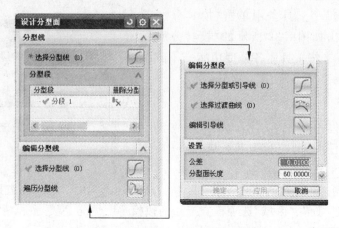

图 8-34 "设计分型面"对话框

(1) 打开光盘目录文件:Project08/tu8-3.Prt,在"注塑模向导"工具条中单击"初始化项目"按钮图标 ,对 tu8-3.Prt 进行初始化,各项设置默认,初始化后产品如图 8-35 所示。

(2) 在"模具分型工具"对话框中单击"设计分型面"按钮,程序弹出"设计分型面"对话框,如图 8-34 所示。

① 通过"选择分型线"/"遍历分型线"的方式,选择产品最大外形轮廓线作为分型线,选择结果如图 8-36 所示。

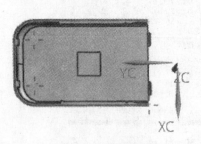

图 8-35 手机后盖

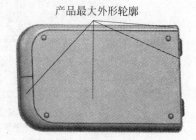

图 8-36 分型线选择过程

说明:当通过"选择分型线"时,直接选择产品最大外形轮廓线作为分型线。当通过选择"遍历分型线"的方式时,将弹出如图 8-37 所示"遍历分型线"选择对话框,其操作方法同"边缘修补"命令中"分段"选项,在此不再详述。

通过"编辑分型线或引导线"选项可以修改、编辑已创建的分型线。

② 选择"选择过渡曲线"选项,分别选取如图 8-38 所示的左端两段圆弧作为过渡曲线。

说明:因为分型面的生成是利用多段分型线分别通过拉伸、扫掠、有界平面、扩大曲面、条带曲面等方法创建的,所以当每一段间的生成方向不同的时候需要设置过渡曲线或引导线。

如图 8-38 所示,由于分型线 A、B、C、D 四段所生成的分型面方向均不同(A 为 $+X$,B 为 $-X$,C 为 $+Y$,D 为 $-Y$),所以在 A、B、C、D 四段需要设置过渡曲线或引导线。

A 段和 C 段、B 段和 C 段间为一段圆弧线过渡,所以设置为过渡曲线;B 段和 D 段、A 段和 D 段间为一点过渡,所以需设置其引导线生成方向。

图 8-37　遍历分型线

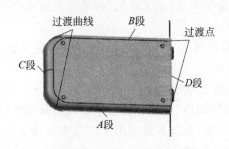

图 8-38　分型线的编辑

③ 选择"编辑引导线"选项，分别选取如图 8-38 所示的右端两端点作为引导方向点，单击"应用"在分型面设计对话框中间将多出"创建分型面"选项，如图 8-39 所示。

④ 选择拉伸命令图标 ，设置拉伸方向为＋X，分型面长度设为 60mm，其余各项默认→"应用"，结果如图 8-40(a)所示。

⑤ 在"分型段"选项中选择 C 段→选择拉伸命令图标 ，设置拉伸方向为＋Y，分型面长度设为 60mm，其余各项默认→"应用"，结果如图 8-40(b)所示(注意：在 A、C 间自动生成分型面)。

⑥ 在"分型段"选项中选择 B 段→选择拉伸命令图标 ，设置拉伸方向为－X，分型面长度设为 60mm，其余各项默认→"应用"，同理，在"分型段"选项中选择 D 段→选择拉伸命令图标 ，设置拉伸方向为－Y，分型面长度设为 60mm，其余各项默认→"应用"结果如图 8-40(c)所示。(注意：在 BC 之间、AD 之间、BD 之间自动生成分型面)。

(a) 创建 A 段分型面

(b) 创建 B 段分型面

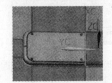

(c) 创建 C\D 段分型面

图 8-39　分型面创建对话框

图 8-40　分型面创建

4. 定义区域

模具分型工具"定义区域"的功能是定义产品上的型腔区域面、型芯区域面及产品的分型线。

在"模具分型工具"对话框中单击"定义区域"按钮,程序弹出"定义区域"对话框,如图 8-41 所示。

1) 选择区域面

"选择区域面"选项为通过手动方式分别选取产品的型腔表面作为型腔区域、型芯表面作为型芯区域(此类方法适用于产品表面数量较少的情况)。

2) 搜索区域

"搜索区域"为通过选取产品型腔种子面和边界面/线,自动搜索出其余区域作为型腔区域;选取产品型芯种子面和边界面/线,自动搜索出其余区域作为型芯区域。

下面将通过具体例子来详解"定义区域"的用法。

(1) 打开光盘目录文件:Project08/tu8-3/ tu8-3_top_025.prt。

(2) 在"模具分型工具"对话框中单击"定义区域"按钮,程序弹出"定义区域"对话框,如图 8-41 所示→在选项"区域名称"栏选取型腔区域→单击"搜索区域"选项,在弹出的如图 8-42 所示的搜索区域对话框中选取如图 8-43 所示 A 面作为种子面→选取如图 8-43 所示 B 面作为边界面(边界面可不定义)→确定→设置项"区域名称"栏型腔区域数量为 12。

图 8-41 "定义区域"对话框

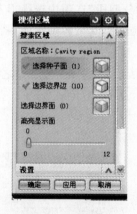

图 8-42 搜索区域

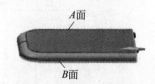

图 8-43 型腔区域的创建

(3) 利用同样的方法,在选项"区域名称"栏选取型芯区域→单击"搜索区域"选项,在弹出如图 8-42 所示的搜索区域对话框中选取如图 8-44 所示 A 面作为种子面→选取如图 8-44 所示 B 面作为边界面(边界面可不定义)→确定→设置"区域名称"栏型芯区域数量为 78(注意：型腔区域数量与型芯数量之和应等于所有面数量，否则无法分模）。

（4）勾选如图 8-41 所示"创建区域"设置选项→确定，型腔、型芯区域定义完毕。

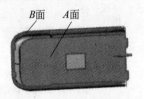

图 8-44　型腔区域的创建

5. 定义型腔和型芯

当产品补孔、分型线、主分型面和定义区域都创建以后，接下来进行型腔和型芯的定义操作。下面将通过具体例子来详解"定义区域"的用法。

（1）打开光盘目录文件：Project08/tu8-4/ tu8-3_top_025. prt。

（2）在"模具分型工具"对话框中单击"定义型腔和型芯"按钮，程序弹出"定义型腔和型芯"对话框，如图 8-45 所示。

（3）"选择片体"选项列表框中的"型腔区域"选项被自动选择为创建对象，单击对话框的"应用"按钮，程序自动创建出型腔，如图 8-46(a)所示。

（4）在"选择片体"选项列表框中选择"型芯区域"选项为创建对象，再单击对话框中的"确定"按钮，程序自动创建出型芯并结束创建操作，如图 8-46(b)所示。

（5）打开图层第 7、8 层，则模具型腔、型芯打开显示。

（6）通过如图 8-47 所示装配导航器。

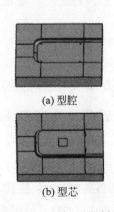

(a) 型腔

(b) 型芯

图 8-45　"定义型腔和型芯"　　　图 8-46　型腔、型芯创建　　　图 8-47　"模具装配导航器"
　　　　　对话框　　　　　　　　　　　　　　　　　　　　　　　　　　　　对话框

8.2.2　模架库

标准模架分为两大类：大型模架和中小型模架。两种模架的主要区别在于适用范围。中小型模架的尺寸为 $B \times L \leqslant 500\text{mm} \times 900\text{mm}$，而大型模架的尺寸 $B \times L$ 为 $630\text{mm} \times 630\text{mm} \sim 1250\text{mm} \times 2000\text{mm}$。

生成模架的厂商有很多，本书主要讲解龙记标准模架，龙记标准模架是符合国家标准的模架，由国内著名的厂商香港龙记集团生产。龙记标准模架包括大水口模架（大型模架）、简化型细水口模架和细水口模架（中小型模架），如图 8-48～图 8-50 所示。

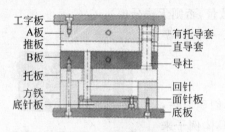

图 8-48　大水口模架

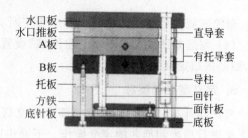

图 8-49　细水口模架

选用标准模架的过程包括以下几个方面：

（1）根据制品图样及技术要求，分析、计算、确定制品类型、尺寸范围（型腔投影面积的周界尺寸）、壁厚、孔形及孔位、尺寸精度及表面性能要求、材料性能等，以便制订制品成形工艺、确定浇口位置、制品重量以及模具的型腔数目，并选定注射机的型号及规格。选定的注射机应满足制品注射量和注射压力的要求。

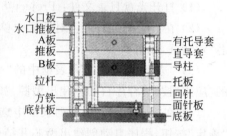

图 8-50　简化型细水口模架

（2）确定模具分型面、浇口结构形式、脱模和抽芯方式与结构，根据模具结构类型和尺寸组合系列来选定所需的标准模架。

（3）核算所选定的模架在注射机上的安装尺寸要素及型腔的力学性能，保证注射机和模具能相互协调。

下面将通过具体例子来详解"模架"的调用。

（1）打开光盘目录文件：Project08/tu8-5/ tu8-3_top_025.prt。

（2）在"注塑模向导"工具条中单击"模架库"按钮，程序弹出如图 8-51 所示的对话框。

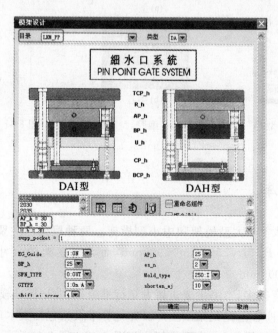

图 8-51　"模架设计"对话框

（3）在选项"目录"下拉图标中选取"LKM_PP"（龙记模架水口）模架标准→类型选"DA"→尺寸选"200×250"→AP_h＝30，U_h＝25→确定，结果如图 8-52(a)所示。

（4）在装配导航工具里面找到 tu8-3_moldbase_mm_050/tu8-3_fixhalf_053，去掉勾选项，其俯视图结果如图 6-52(b)所示。

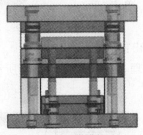 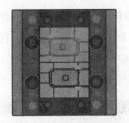

(a) 前后模模架　　　　　　　　　　(b) 后模模架

图 8-52　模架创建

（5）在"注塑模向导"工具条中单击"标准部件库"按钮，程序弹出如图 8-53 所示的对话框，"在文件夹视图"选项选择 Injection，在"成员视图"选项选择 Spru_Bushing，→确定，结果如图 8-54 所示。

图 8-53　"标准件管理"对话框　　　　图 8-54　浇口套创建

任务分析及实施

1. 任务（1）

1）任务分析

（1）所进行模具设计的产品为"手机壳体"，其开模方向的设置通过注塑模向导工具条"模具坐标系"命令进行设置，Z 坐标指向即为开模方向；

（2）"一模两件"利用注塑模向导工具条"型腔布局"命令进行矩形布局即可完成；

（3）补孔补面较为繁琐，可以通过"实体修补工具"、"曲面修补工具"实现。

2) 任务实施

（1）设置开模方向

① 打开光盘目录文件：Project08/tu8-1. Prt，在"注塑模向导"工具条中单击"初始化项目"按钮图标 ，弹出"初始化项目"对话框，如图8-5所示，单击"确定"按钮，初始化后手机壳体如图8-55所示。

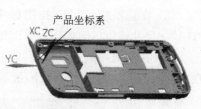

图 8-55　初始化手机壳体

② 单击"格式"→WCS→"旋转"，在弹出的对话框中设置如图8-56(a)所示选项→"应用"；同理，设置如图8-56(b)所示选项→"确定"，结果如图8-57所示。

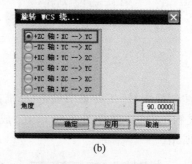

(a)　　　　　　　　　　　　(b)

图 8-56　旋转坐标系对话框

③ 在"注塑模向导"工具条中单击"模具坐标系"按钮图标 ，弹出"模具坐标系"对话框→设置如图8-58所示选项→"确定"，结果如图8-59所示。

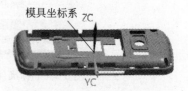

图 8-57　产品坐标系设置　　　图 8-58　模具坐标系对话框　　　图 8-59　模具坐标系设置

（2）型腔布局"一模两件"

在"注塑模向导"工具条中单击"型腔布局"按钮，程序弹出"工件"对话框。分别设置各值如图8-60所示对话框→单击"开始布局"按钮→单击"自动对准中心"按钮，结果如图8-61所示。

（3）补孔补面。

① 单击"注塑模具"工具条中的"边缘修补"按钮，程序弹出"边缘修补"对话框，如图8-62所示，类型选择"面"方式。分别选择所在各孔的表面→"确定"，结果分别如图8-63(a)和图8-63(b)所示。

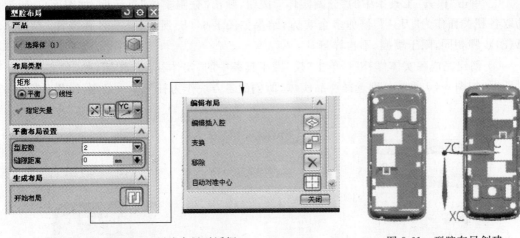

图 8-60　型腔布局对话框　　　　图 8-61　型腔布局创建

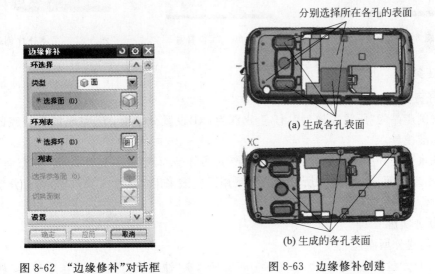

图 8-62　"边缘修补"对话框　　　　图 8-63　边缘修补创建

　　② 单击"模具工具"工具条中的"创建方块"按钮,弹出"创建方块"对话框。在"创建方块"对话框中选择创建类型为"包容块",如图 8-18 所示,选择需要创建孔的各面→"确定",结果如图 8-64(a)所示。

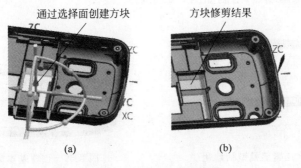

图 8-64　方块的创建及修剪

③ 单击"模具"工具条中的"分割实体"按钮,弹出"分割实体"对话框,如图8-65所示,选取各相关面作为"刀具",修剪多余实体,结果如图8-64(b)所示,其余各孔操作与第(2)、第(3)步骤相同,限于篇幅,不再详解。

④ 创建完成各实体修补后,单击"模具"工具条中的"实体补片"按钮,弹出"实体补片"对话框,如图8-66所示分别选择产品实体、所创建各方块作为补片体→确定,结果如图8-67所示。

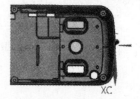

图 8-65　分割实体　　　　　图 8-66　实体补片　　　　　图 8-67　实体补片创建

2. 任务(2)

1) 任务分析

本案例产品为"压紧盖模型",任务分别为:①设置分型面;②完成型芯型腔的创建;③调用标准模具。

任务重点是分型面的创建,由于本例产品的分型面为曲面,运用"设计分型面"命令创建,将会出现折面,造成钢尖,所以不适宜采用。应该采用扩大面方式创建,再对分型面进行添加。

2) 任务实施

(1) 创建分型面

① 打开光盘目录文件:Project08/tu8-2.Prt,在"注塑模向导"工具条中单击"初始化项目"按钮图标 ,弹出"初始化项目"对话框,如图8-5所示,单击"确定"按钮,初始化后手机壳体如图8-68所示。

② 单击"曲线"工具条中的"基本曲线"按钮,程序弹出"基本曲线"对话框,通过选取产品台阶面前后分界限两端点,绘制如图8-69所示直线。

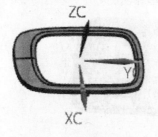
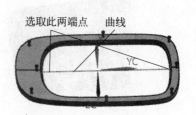

图 8-68　压紧盖模型初始化　　　　　图 8-69　创建基本曲线

③ 单击"编辑曲面"工具条中的"扩大"按钮,程序弹出"扩大"曲面对话框,通过选取产品台阶面,如图 8-70(a)所示,结果如图 8-70(b)所示。

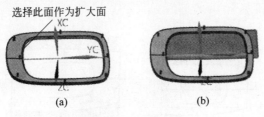

图 8-70   扩大面创建

④ 单击"特征"工具条中的"修剪片体"按钮,程序弹出"修剪"曲面对话框,把图 8-70 创建扩大面,通过内孔边界修剪外部,结果如图 8-71(a)所示。利用相同步骤创建另一边,其结果如图 8-71(b)所示。

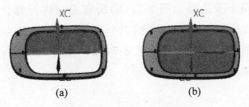

图 8-71   修剪"扩大面"

⑤ 单击"曲线"工具条中的"桥接曲线"按钮,程序弹出"桥接曲线"对话框,选取产品分型面前后分界限两端点→确定,结果如图 8-72 所示。

⑥ 单击"编辑曲面"工具条中的"扩大"按钮,程序弹出"扩大"曲面对话框,选取产品分型面,结果如图 8-73 所示。

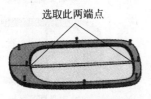

图 8-72   桥接曲线创建

图 8-73   扩大面创建

⑦ 单击"特征"工具条中的"修剪片体"按钮,程序弹出"修剪"曲面对话框,把图 8-73 创建扩大面,通过外轮廓边界修剪内部,结果如图 8-74(a)所示。利用相同步骤创建另一边,其结果如图 8-74(b)所示。

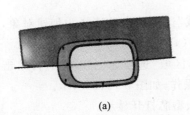

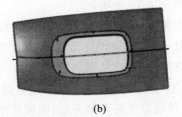

图 8-74   修剪"扩大面"

⑧ 单击"特征"工具条中的"拉伸"按钮,程序弹出"拉伸"对话框,选择如图 8-75 所示边缘,往＋X 拉伸 10mm,结果如图 8-75(a)所示。利用相同步骤创建另一边,其结果如图 8-75(b)所示。

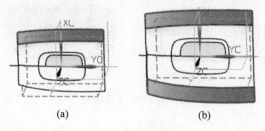

(a)　　　　　　　　　(b)

图 8-75　拉伸曲面创建

⑨ 单击"特征"工具条中的"缝合"按钮,程序弹出"缝合"对话框,选择如图 8-75(b)所有曲面进行缝合。利用相同步骤选择如图 8-71(b)所有曲面进行缝合。

⑩ 单击"模具分型工具"工具条中的"编辑分型面和曲面"按钮,程序弹出"编辑分型面和曲面"补片对话框,如图 8-76 所示,选择图 8-71(b)、图 8-75(b)所示曲面→确定(说明:本步骤操作主要是把建模曲面变为分型面曲面)。

(2) 创建型芯型腔

① 在"模具分型工具"对话框中单击"定义区域"按钮,程序弹出"定义区域"对话框,如图 8-41 所示,分别选择型腔面数目为 8、型芯面数目为 39,结果如图 8-77 所示。

(a) 定义型腔区域

(b) 定义型芯区域

图 8-76　"编辑分型面和曲面"补片对话框　　　　图 8-77　定义型腔型芯区域

勾选如图 8-41 所示"创建区域"设置选项→确定,型腔、型芯区域定义完毕。

② 在"模具分型工具"对话框中单击"定义型腔和型芯"按钮,程序弹出"定义型腔和型芯"对话框,如图 8-78 所示。

③ 在"选择片体"选项列表框中"型腔区域"选项被自动选择为创建对象,单击对话框的"应用"按钮,程序自动创建出型腔,如图 8-79(a)所示。

④ 在"选择片体"选项列表框中选择"型芯区域"选项为创建对象,再单击对话框中的"确定"按钮,程序自动创建出型芯并结束创建操作,如图 8-79(b)所示。

⑤ 打开图层第 7 层和第 8 层,则模具型腔、型芯打开显示。

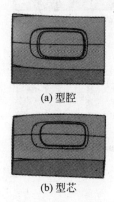

(a) 型腔

(b) 型芯

图 8-78　"定义型腔和型芯"对话框　　　　图 8-79　型腔、型芯创建

（3）标准模架的调入

其调入过程与第 8.2.2 节中调用步骤一致，限于篇幅，不再详述。

知识点巩固应用实例

根据如图 8-80 所提供的"塑料线圈"（光盘 Project08/tu8-4. Prt）产品零件，试完成其模具分型设计。

① 打开光盘目录文件：Project08/tu8-4. Prt，在"注塑模向导"工具条中单击"初始化项目"按钮图标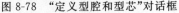，对 tu8-4. Prt 进行初始化，各项设置默认，初始化后产品如图 8-81 所示。

② 单击"格式"→WCS →"旋转"，在弹出对话框中，设置如图 8-82 所示选项→"确定"。

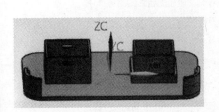

图 8-80　塑料线圈　　　　图 8-81　初始化产品　　　　图 8-82　"旋转坐标系"对话框

③ 在"注塑模向导"工具条中单击"模具坐标系"按钮图标，弹出"模具坐标系"对话框→设置如图 8-83 所示选项→"确定"，结果如图 8-84 所示。

④ 在"注塑模向导"工具条中单击"工件"按钮，程序弹出"工件"对话框。

⑤ 单击"注塑模具"工具条中的"边缘修补"按钮，程序弹出"边缘修补"对话框，如图 8-85 所示，利用分段图标逐步选择孔内边缘（注意：需取消"按面的颜色遍历"的选中），结果如图 8-86 所示。

图 8-83 "模具坐标系"对话框

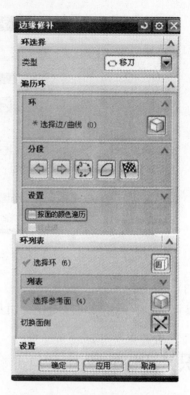

图 8-85 "边缘修补"对话框

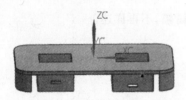

图 8-84 产品模具坐标系设置

⑥ 单击"模具工具"工具条中的"创建方块"按钮,弹出"创建方块"对话框。在"创建方块"对话框中选择创建类型为"包容块",如图 8-87 所示,选择需要创建孔的各面→"确定",结果如图 8-88 所示。

分别选择孔内边缘作为 "环"

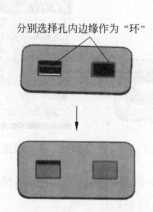

图 8-86 曲面补孔创建

图 8-87 "创建方块"对话框

⑦ 单击"模具"工具条中的"分割实体"按钮,弹出"分割实体"对话框,选取各相关面作为"刀具",修剪多余实体,结果如图 8-64(b)所示。

⑧ 创建完成各实体修补后,单击"模具"工具条中的"实体补片"按钮,弹出"实体补片"

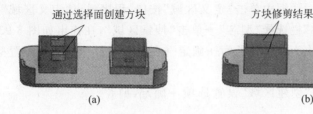

图 8-88　方块的创建及修剪

对话框,分别选择产品实体、所创建各方块作为补片体→确定,结果如图 8-89 所示。

⑨ 在"模具分型工具"对话框中单击"设计分型面"按钮,程序弹出"设计分型面"对话框,如图 8-34 所示。通过"遍历分型线"的方式,选择产品最大外形轮廓线作为分型线,选择结果如图 8-90 所示→确定,结果如图 8-91 所示。

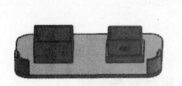

图 8-89　实体补孔创建

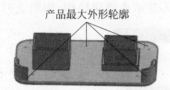

图 8-90　分型线选择过程

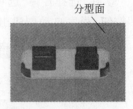

图 8-91　分型面的创建

⑩ 在"模具分型工具"对话框中单击"定义区域"按钮,程序弹出"定义区域"对话框,如图 8-92 所示→在"区域名称"栏选择"型腔"→单击"搜索区域",在弹出如图 8-93 所示对话框中选取如图 8-94 所示面作为型腔种子面→确定→设置"区域名称"栏型腔区域数量为 13。

图 8-92　"定义区域"对话框

图 8-93　搜索区域

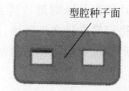

图 8-94　型腔区域的创建

⑪ 在"模具分型工具"对话框中单击"定义区域"按钮,程序弹出"定义区域"对话框,如图 8-92 所示→在"区域名称"栏选择"型芯"→单击"搜索区域",在弹出如图 8-93 所示对话框中选取如图 8-95 所示面作为型芯种子面→确定→在选项"区域名称"栏设置型腔区域数量为 55。

⑫ 勾选如图 8-92 所示"创建区域"设置选项→确定,型腔、型芯区域定义完毕。

⑬ 在"模具分型工具"对话框中单击"定义型腔和型芯"按钮,程序弹出"定义型腔和型芯"对话框,如图 8-96 所示。

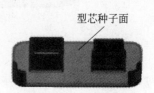

图 8-95　型芯区域的创建

⑭ 在"选择片体"选项列表框中"型腔区域"选项被自动选择为创建对象,单击对话框的"应用"按钮,程序自动创建出型腔,如图 8-97(a)所示。

⑮ 在"选择片体"选项列表框中选择"型芯区域"选项为创建对象,再单击对话框的"确定"按钮,程序自动创建出型芯并结束创建操作,如图 8-97(b)所示。

图 8-96　"定义型腔和型芯"对话框

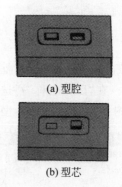

(a) 型腔

(b) 型芯

图 8-97　型腔、型芯创建

⑯ 打开图层第 7 层和第 8 层,则模具型腔、型芯打开显示。

小结

本项目详细讲述了 UG NX 8.0 模具设计的基本流程,包括产品初始化、设置模具坐标系、设置产品工件、型腔布局、补面、补孔,最后进行分型等。一般地,客户通常提供的是制品的三维模型,但有时仅提供了二维图,这就要求根据二维图来建立三维模型,并根据注塑工艺和模具设计的有关原则进行适当的产品修改,使之适合于注塑成型。而且不同的 CAD 系统之间也很容易进行文件转换,因此将客户提供的制品三维模型导入到 UG 系统中,进行适当修改后形成将要设计模具的制品模型。